# 總裁雙子心

Success in your life and make it different.

企業教育大師 **林昭仲** ——著

推薦序

# 機遇創造成功

欣聞昭仲吾弟（大安高工學弟）即將出版個人第一本著作《總裁雙子心》，邀請我為他的新書寫一篇推薦序，雖然那時我人正在美國，但我仍欣然允諾。

《總裁雙子心》從書名可以得知，這是一本CEO總裁的自傳，且作者本身是雙子座的。當今世界強國，美國總統川普，以及中國主席習近平，這兩位國家領導人都是雙子座；而來自台灣的兩位知名企業家——嚴凱泰和郭台強，也都是雙子座。從上述的名人當中，我們可以知道，雙子座的人大部分都具有極敏銳的觀察力。

雙子座的人，手藝十分靈巧，在各方面都能表現出自己的才能，他們還擁有強烈的好奇心，以及不斷吸收新知識的欲望，對於新觀念和新流行十分敏銳；因此，他們的心態都很年輕、富有魅力，能吸引眾多朋友圍繞在他們四周。且他們聰明機智，有辯才能力，擁有成為謀略家和演說家的特質；遇事又都能妥善應對、冷靜觀察、果敢而有擔當。

他們有多方面的才能，動作快而有力，直覺而進取，沒有掛慮，愉快而活潑，伶俐而善變；善言雄辯，思想獨特，想像力強，有幽默感，有良好的觀察力和領悟力，充滿機智。常會有一些突發奇想的點子，敢於大膽假設，但又具備小心求證的個性。

我與昭仲是在 102 年大安高工校慶結識，他是當年度的傑出校友之一，之後每年的校慶，我都會跟他偕同出席。直至 104 年的秋天，我收到昭仲寫的一篇文章，與我分享他之所以會在美商升任亞洲區副總裁，同時管理台灣區及大陸華東地區的某個機遇，於是我邀請他到我任教的台科大管理學院，跟管理學院全體師生們演講，他當時演講的題目是「4+1 成功方程式」，獲得熱烈迴響，讓現場所有的人都打開了一個嶄新的視野，對成功的正確觀念與態度有著全新的體悟；昭仲後續又獲邀至屏東縣政府，以同樣的主題進行演講，因而意外地開啟了他的演說家生涯。

這一年半間，看著昭仲剛開始在一家企業擔任銷售培訓講師，現已成為三十幾家企業的簽約授證專業講師，可謂無心插柳柳成蔭。且他也持續到學校演講，至今聽過他演講的學生，已遍及全台，桃李滿天下，我身為他在大安高工直系的學長，實在深感欣慰。

預祝　昭仲在今年發行的這本《總裁雙子心》，讓讀者在閱讀之後，能將此書當作邁向成功之路的 SOP 標準作業流程。所謂成功沒有奇蹟，只有軌跡，若想成功，就要先經歷三水的洗禮——冷水、汗水、淚水。在成功之前你是笑話，但在成功之後，你便是神話！

再次恭喜，祝　新書大賣，成為年度暢銷書之一，並感謝采舍國際董事長——王擎天博士，協助出版此書，藉此推薦序致謝。

國立台灣科技大學
校友總會榮譽理事長暨專業級教授
羅台生

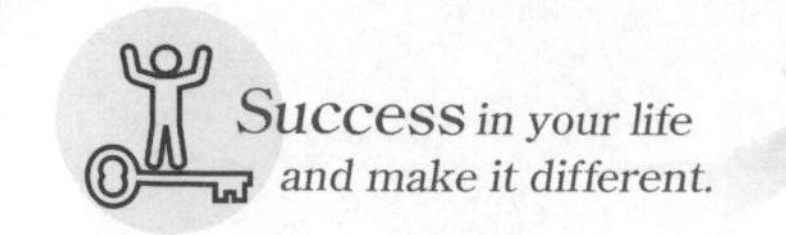


推薦序

# 人因夢想而偉大

在一個偶然的機遇下認識昭仲老師，當時他正在高雄協助輔導幾家企業。某天，他在 LINE 上某個群組發布消息，告訴大家有一場人際溝通名師黑幼龍老師的演講，此演講是由某社團主辦，社團成員都是總經理，昭仲當時剛好是網路公司總經理，但他擔心其他來參加的朋友們可能不得其門而入，所以很熱心的在群組說：「現場只要告知是昭仲的朋友即可參加。」

由於我早年曾經營建設公司，故很想認識這位網路公司總經理，於是我在 LINE 上主動將昭仲加為好友，並邀請他上來台南，到我經營的活力 24 俱樂部坐坐，昭仲也很爽快地接受我的邀約。在了解他從事的是成功學教學工作後，剛好我的俱樂部內有十幾位夥伴，我便邀請他為夥伴們免費講一堂課，他當天從晚上八點一直講到十一點，沒想到他還欲罷不能，說可以講到凌晨一點。從那時起，我深深地感受到他的那股熱情，就如同新書《總裁雙子心》中〈熱情〉這個章節，如果說一般人的熱情最多到 100℃，那昭仲絕對可以達到 120℃以上。

之後，我便與昭仲約定，每週五晚上的時間，請他在我的俱樂部演講，就這樣持續了五個月不曾間斷，直到今年二月底，因昭仲要出版《總裁雙子心》一書，必須辭去網路公司總經理一職，專心在家寫書，而取消了每週五固定的演講。與他認識這近半年的時間，我認為他是一位說到做到的人，無論颳風下雨，他每週五都準時到台南演講，有一次他病得很重，咳嗽一個月以上，但也沒有缺席任何一次。因此，在這之中，我又看見了他第二個成功的特質，也就是書中會提到的〈付出才會傑出〉。

昭仲在我眼中，就像是我的弟弟一樣，我們相差了十歲，且我在三十歲便開始從事教育訓練工作，經歷上較他多一些，故時常互相分享經驗。本書談論觀念與態度，人因夢想而偉大，周星馳說過：「做人如果沒夢想，那跟鹹魚有什麼差別？」只要找到目標勇往直前，相信你我的未來都不再是問號，昭仲的夢想便是成為一位偉大的演說家和作家，故在他出版《總裁雙子心》一書之際，特地撰寫此篇推薦序，讓大家對昭仲有初步的認識，並了解他的人生理念、價值觀以及對於成功的獨到見解。且此書另有提到如何成為高階專業經理人須具備的能力，如管理能力、領導能力、銷售能力……等，讓初出茅廬的社會新鮮人，在閱讀完這本書之後，能減少自我摸索的時間。

最後，我要在此感謝協助昭仲出版《總裁雙子心》一書的采舍國際董事長——王擎天，感謝他所提供的一切資源，以利好書能順利出版。並預祝此書在今年發行後，能夠給大家一個全新的視野跟不同的觀點，讓大家在看過此書後，激發出各位對成功的渴望，對夢想追求的那份堅持，努力不懈，達成夢想！

國際身心靈教育顧問

魏蒼民 LOUIS

作者序

# 目標使我邁向成功

首先，感謝采舍國際董事長——王擎天博士，在今年初允諾幫我出版《總裁雙子心》一書。之所以會取這樣的書名，緣由於 1997 年，亞都麗緻飯店總裁嚴長壽先生，出版了生平第一本著作《總裁獅子心》，當時我還在台中某野戰部隊的砲兵營區擔任旅部文書一職，每天在旅參辦公室裡搖筆桿、振筆疾書，寫政戰、情報相關的文章，而時任營區最高長官——葉子茂指揮官，在早會時跟全營區的官士兵分享這本書，闡述著他的讀後感。待休假後，我也到書店買了那本書，仔細研讀後，它給我很多啟發，當下我暗暗告訴自己：「我也要跟嚴長壽先生一樣，在三十幾歲就做到總經理，甚至是總裁的位置。」

我於二十三歲進入職場工作，先在一家日商擔任 R&D（研發，Research and Design），二年後轉進入台灣前十大企業，一家上市電子公司擔任 FAE（領域應用工程師，Field application engineer），在那任職了三年。一直到二十八歲那年，因有感於每間企業的大老闆都曾從事業務性質工作，基於個人生涯規劃，轉進入美商全球第一大、第二大半導體通路公司—— AVNET 跟 ARROW（業界簡稱這兩家公司為雙 A），我在裡面擔任跟業務性質相關的產品經理一職；之後我又決定去美國加州科大進修 MBA 課程而提出離職。學位讀了約一年半的時間，在因緣際會下進入第三家美商，同樣也是半導體通路商，擔任台灣分公司客戶經理一職，管理台灣地區所有的業務人員。由於有二十家的代工廠都在華東的蘇州、昆山及上海等地，而公司當時的亞洲總裁又是韓國人，對於大陸市場較不熟悉，故請我協助他分擔蘇州分公司的部分業務，每二個月的時間，我就要到蘇州分公司出差，處理當地的事務，相當於美商亞洲區副總裁的職務，這對當時年方三十六歲的我，是人生很難忘的一段際遇 。

後來到了 104 年 11 月底，我決定從電子業高峰急流勇退，選擇走一條不一樣的人生道路，原本計劃要去歐洲攻讀 MDBA 企管博士學位，但在 105 年 3 月初，受邀到台科大演講—— 4+1 成功方程式，沒想到獲得台科大管理學院的學生們廣大迴響，才發現自己有寫作跟演說的天份，因而將攻讀學位的計畫暫緩，從企業家轉戰為教育家，期許自己朝「企業教育家」的目標努力邁進，既輔導企業，又協助它們做對內對外的教育訓練。時光荏苒，不知不覺就這樣過了一年半，在這一年多以來，也陸續擔任了四十幾家企業的銷售培訓講師。

而此書《總裁雙子心》的雙子，除了我本身是雙子座以外，雙心＋雙子更是成功的關鍵心法，亦是這本書的主軸，此書共分三大單元探討我如何在三十六歲成為美商半導體亞洲區副總裁的三個大方向：

***1.*** **態度**（第六章：態度萬歲）**與定位**（第三章：新 4+1 成功方程式）；

***2.*** **戰略**（第一章：4+1 成功方程式）**與技巧**（第四章：企業四大管理）；

***3.*** **執行力**（第五章：成功決勝力）。

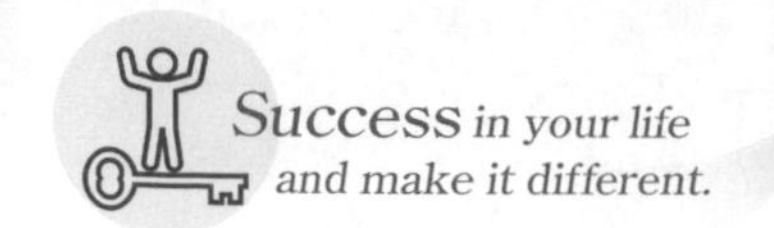


我認為，成功是有方法跟步驟的，當然還需要一點點運氣。我之所以能在職場上平步青雲，靠得就是許多貴人跟長官的賞識，特別是到了美商後，遇到幾位願意提拔我的直屬主管。

且，我從小就知道自己的學習力是屬於比較緩慢的，因此我告訴自己，一定要靠勤能補拙的方式，彌補先天的能力不足。因為我的認份，而認清自己；在認識自己後，又發現自己，再加上一點運氣，而成就自己。最後才能在第三家美商時管理二間分公司。所以，我要用一句 HP 惠普前台灣區董事長的名言來勉勵大家：「你的努力一定要讓別人看見。」

最後，再次感謝采舍國際董事長——王擎天博士，除了幫忙出版我個人第一本著作外，還舉薦我成為 2018 年世界華人八大明師之一，故藉此篇自序表示我對王董事長的知遇之恩！

林昭仲

前言

# 成就更好的自己

我們身處於一個人人都想成功的時代，但弔詭的是，其實我們從來都不知道成功最終的定義到底是甚麼？成功，是我們對他人自行賦予的見解，試問比爾 ‧ 蓋茲是成功的人嗎？想必每個人一定都會點頭稱是，因為他在社會上擁有著一定的身分及地位，更重要的是他擁有可觀的財富，足以讓他後半餘生衣食無缺；但如果你問他：「你覺得自己成功了嗎？」他可能不完全認為自己已是成功的人，他不否認自己已付出的努力，但他仍期許自己能更加的努力，創造出更不一樣的貢獻，為這個社會不斷地付出。在現在變遷如此快速的社會，徬徨不安的我們，總認為成功就是找到一條快速致富的捷徑，但從未想過，這真是我們所想要的成功跟未來嗎？

不妨試著替自己設定一個理想、目標，那個就是你成功的終點，你要做的便是讓自己更好，想方設法地讓自己朝終點邁進；每天都前進一小步，一步一腳印，過程可能緩慢，但你始終朝前方而行，最終你會發現自己離成功只差臨門一腳。

俗話說：「不想當將軍的士兵就不是好士兵」激勵著你我奮發向上，而人的態度將決定著自己的一生，若你沒有想要成功，那就永遠無法邁向成功。但如果你老幻想著自己成功，卻又不付諸努力，調整態度、積極向上，那你也始終無法到達成功的彼岸，無法達成自己的目標，更不可能獲取一般人對於成功的認可。

每個人肯定都做過跟「成功」有關的美夢，不論是當名人、賺大錢、住豪宅、過著悠閒的生活，或是當大老闆、擁有自己的一間辦公室……等。相信沒有人希望自己這一生是以失敗收場的；所以，我們每天都要努力地加強自己，朝成功的道路邁進。路途勢必艱辛，可能動搖自己的信念，讓我們會開始產生自我懷疑：「這樣下去真的會成功嗎？」你要知道，衝刺的過程中，難免碰到困難、阻礙，重要的是，當你在面對挫折及失意時，該如何不被打敗，調整心態重新出發？

成功的人，不僅在事業上能獲得成就，獲取實質的社經地位外，內在的充實也是很重要的一環，本書由林昭仲老師傳授獨門見解，不藏私地將成功心法，通通告訴你！在獲得成功前，你該注意什麼？又該具備些什麼？而又要在哪些地方加強努力？昭仲老師能在三十六歲就擔任美商半導體副總裁，絕對有著值得我們學習之處。只要你充實、強化好內在，就能夠一心一意地在事業上進行衝刺，將內在活化到外在，賦予自己實質的執行力，進而產生銷售力，創造屬於自己的財富，更取得眾人的掌聲。我們每個人都該學習成功心法，利用成功方程式解決人生一道道的難題。

成功看似很近，但其實離你我又很遙遠。當我們急著追尋與符合別人眼中想像的成功，會不會到頭來卻換來一場自己不想要的人生？先暫時拋開大家對成功的定義，試著找出自己面對成功應有的態度。不要問多少努力才會成功？先反過來問問自己，付出多少努力才會問心無愧？實現成功，我們要做的就是——成就更好的自己。

Part 1
4+1
成功方程式



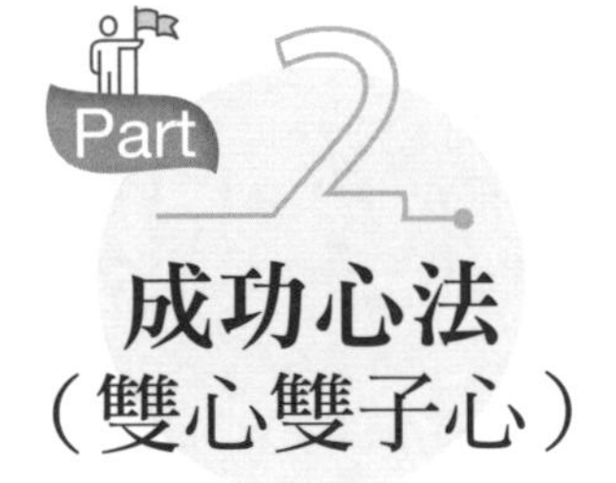
Part 2
成功心法
（雙心雙子心）

Part 3
新 4+1
成功方程式

**Part 4. 企業四大管理**

**Part 5. 成功決勝力：領導力、執行力和銷售力**

**Part 6. 態度萬歲**

Part 1

# 4+1成功方程式

+1 → 是 個性 ，個性會決定命運

出社會的第一至五年要用熱情跟勤奮；六至第十年則需要用到智慧；而十一年起往後的時間，便需要一些機遇。

Success in your life and make it different.

# 1-1 熱情：驅使你前進

「我所享有的任何成就，完全歸因於對客戶與工作的高度責任感，不惜付出自我而成就完美的熱情，以及絕不容忍馬虎的想法，草率粗心的工作，與差強人意的作品。」

——李奧．貝納 Leo Burnett

## 充滿前進的熱情

有兩名鐵路工人在工作空檔時聊天，一位是名年輕小夥子，另一位看起來則有些年邁。這時董事長正好來巡視他們這區的鐵路，一看到那位年長的工人，熱情地打了一聲招呼：「嗨！傑克，最近還好嗎？」

傑克回答：「噢，董事長，我很好，謝謝您的關心。」

等董事長從他們身邊離開之後，年輕工人吃驚地望著傑克：「老兄，你居然認識董事長！他甚至知道你的名字！」言語之間比平時多了幾分尊敬。

傑克聽到小夥子充滿羨慕的語氣，不由得感到有些驕傲，興奮地說：「三十年前，我和他一同拿著鐵鍬修築鐵路，當時我們是十分要好的搭檔。」

「可如今他已經成了董事長，但你卻依然在這修理鐵路？」年輕小夥子滿臉疑惑地問老傑克，疑惑中似乎還夾雜著些許言外之意。

傑克當然聽出了他話中的含意，原本雀躍的心情一下子跌到谷底，他不好意思地告訴小夥子說：「當時我們每天只掙得三十塊錢，但那時的我，成天只想著如何用這三十塊錢來維持生計，我還是為了這三十塊錢才逼迫自己工作的；而他想得卻是將這條鐵路修好之後，自己還能再做些什麼，他是為了修好這條鐵路而工作。」

小夥子好像在自言自語，又好像在對老傑克的話進行總結：「你是為了自己才修鐵路，他卻是為了修鐵路而修鐵路。所以直到今天，你仍在修理鐵路，而他卻成了鐵路公司的董事長。」

任何有志氣的人都希望自己能在事業路途上一帆風順，但隨著時間的推移，或隨著各種挫折和困難的降臨，這份希望越來越渺茫，終至有一天希望破滅；於是生活不再富有熱情，每天重複著原地踏步的動作，思想開始貧乏，轉為機械化的行為模式，生活開始平淡，事業開始退步……日復一日，周而復始，不管在工作還是在生活，都變得麻木不仁。

這一天的到來，無疑會令人心生畏懼，沒有人希望當前的努力最終落得如此下場；但如果我們不能保持好向前衝的熱情，那麼這一天終將是難以避免。看看那些靠幾杯熱茶和幾張報紙度日的管理員，再看看那些一輩子都在相同職位上消磨時光的上班族。對他們而言，這一天可能早已到來，他們的熱情被不求上進的心和絮絮叨叨的埋怨所取代；但他們似乎頗為安於現狀、不以為意，因為從來沒聽他們埋怨過自己胸無大志，或對自己過去不夠努力而表示後悔。有些人的本性甘於平淡，習於安穩，這自然無可厚非；有些則認為自己資質不差，工作能力也不落人後，只不過老天沒有眷顧他們，機會始終沒有垂青，便理所當然地認為這就是自己的命運，任由歲月蹉跎。

究竟是什麼使人生如此黯淡呢？是什麼使事業一再擱淺呢？在得到這些問題的答案之前，我想你應該先回答以下幾個問題：

- 你是否確定自己正走在一條正確的道路上？
- 你是否對前途充滿了希望？
- 你是否會像畫家般端詳畫布，仔細研究過自己工作的每個細節？
- 為了擴大自己的知識層面，為了替公司創造更多的價值，你認真讀過與工作相關的專業書籍嗎？
- 你是否對自己執行的每項任務都感到問心無愧？
- 在開始執行下一個任務時，你是否會感到熱情澎湃呢？……

試著問自己一些諸如此類的問題，如果你無法對這些問題做出肯定的回答，那就說明你為何不比別人做得好，也無法超越他人；你也可以不用再疑惑自己明明比別人聰明，才能不遜於他人，卻長期得不到提拔，因為你的態度，已決定了一切的結果。

無論你曾經遭遇過怎樣的困難，取得怎樣的成就，你都應該充滿著向前的熱情。過去的永遠屬於過去，正如古希臘一句諺語：「你的身後永遠沒有甜餅。」前方永遠有更棘手的難關需要你去克服，還有更多的成就等待你去追求。因此，不要浪費時間在埋怨自己的過錯，或沉緬於過去的榮耀，那些已無濟於事，對你的未來無所助益。改變現狀唯一的辦法便是著眼於未來，在飽滿熱情的帶動下，將自己的才華全部播撒於希望的田野上，等到收成的季節，你必定會看見結實纍纍，獲取無盡的成果。

## 熱情是推動向上的力量

到 NBA 打籃球，是每位美國少年人生的夢想。在波古斯（Muggsy Bogues）上學的時候，大家都在談論著有關 NBA 的夢想。當波古斯說自己也擁有同樣的夢想時，眾人頓時哄堂大笑，教室裡充斥著同學們的嘲諷聲，甚至有人說波古斯是天大的傻瓜。他的身高只有一百六十公分，在 NBA 中，就算身高有二百公分都還嫌矮，更別說他的身高了，在巨人群中就像是一名侏儒。

雖然受到同學們的嘲諷，但他並沒有因此放棄自己的夢想。每天放學，當同學們都走光，班上只剩下波古斯一人時，他就在學校的籃球場練球。他每天都提醒著自己，一定要實現到 NBA 打球的夢想。其實，他自己也很清楚像他這樣的身高十分劣勢，若想在 NBA 打球勢必要有自己的「絕活」；因此，他努力訓練自己的長處，讓自己像子彈一樣迅速，運球不發生失誤，要比場上的所有人都更能奔跑。

後來，波古斯在夏洛特黃蜂隊中的表現極為亮眼，成為表現最好、失誤最少的最佳後衛，他像隻小蜜蜂般滿場飛奔，為隊伍搶得先機。他控球一流、遠投準，就算身處巨人陣中，他也能帶球上籃，而且他還是 NBA

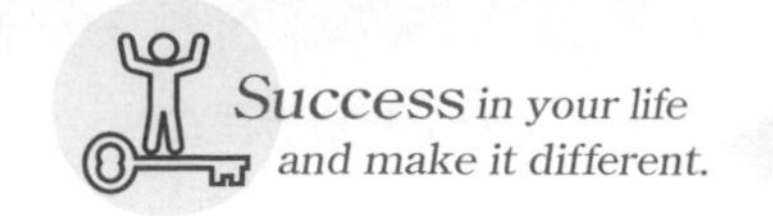


比賽中斷球（截獲對手傳接球）最多的隊員。

他在接受記者採訪時說：「別人說我矮，但那並不使我氣餒，反而成了我的動力，我偏要證明矮子也能做大事。」

波古斯是NBA中有史以來創紀錄的矮子，外號「小蟲」。他把別人認為不可能的事情變成了現實，他曾經自豪地說：「我的血液中流著進取的精神，所以，我能實現我的夢想。」

而不僅僅是波古斯，任何生命都有著一種本能，那就是向上的力量；即使深埋在土裡的種子，也存在著這樣的力量，正是這種堅毅而偉大的力量，刺激著它破土而出，推動著它向上生長，向世界展現美麗與芬芳。

李陽是「瘋狂英語」的創辦人，他的英語不是說出來的，而是喊出來的。他在讀大學的時候，英語成績一塌糊塗，尤其是聽力、會話更差。

有一次，李陽被老師叫起來回答一個簡單的問題，李陽知道問題的答案，但卻說不出來。於是他用中文回道：「我可以寫在紙上再給你看嗎？」全班哄堂大笑，因為在英文課對老師說中文是很不禮貌的行為。

老師生氣地說：「這麼簡單的句子都說不出來，你還是大學生嗎？」

接著老師又轉過身去對同學們說：「如果你們不好好學習會話，就會像李陽這樣。」

「就像李陽這樣」這句話深深地刺傷了他。從那時起，他下定決心，非要把英語會話練好不可！

於是，他想到一個方法，每天早上都到學校後山練習英語。但他練習的方法不是說，而是大聲地喊出來，更讓人不可思議的是，他嘴裡竟含著石頭。

李陽是這麼認為的：會話不好，主要有兩個原因，一是膽子小，不敢說；二是發音不準，說出來別人聽不清楚、聽不懂。所以，喊英語，能練膽子；含石子，則能練發音。

就這樣，李陽堅持不懈地練習會話，風雨無阻。就算遇見熟人，他也不怕被人恥笑，即使別人罵他是瘋子他也不在乎，抱著必勝的決心打定主意要這樣學習下去。

就這樣，奇蹟出現了，三個月後，李陽不僅能用英文流利地回答老師的問題，甚至還能糾正老師部分錯誤的發音。時至今日，「李陽瘋狂英語」是中國內地英語學習產品之中最響亮的一個品牌，為無數莘莘學子帶來學好英語的希望與信心。

世界上沒有什麼事情能難倒我們，只要我們敢於挑戰自我，而李陽為我們樹立了很好的榜樣。

熱情是戰勝所有困難最偉大的力量，它使你保持清醒；它為你帶來生理上的活力與精神上的滿足，使你全身的所有神經都處於戰鬥狀態；它督促你把全部精力投入工作；它使你相信自己無論做什麼事情都易如反掌；它使你時刻鞭策自己不會淪為平庸之輩。熱情是工作的靈魂，甚至是生命的核心。

熱情就像火種，它能點燃人們身上的潛能，激發人們的本領。若沒有熱情，你會縱容自己做事馬虎、敷衍了事；你會甘於平淡，無法在工作生

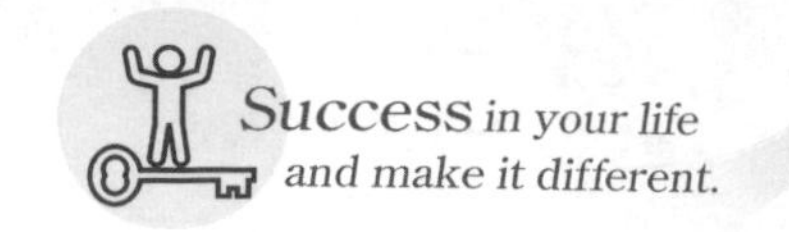


涯中留下任何榮耀，更無法為公司的成長貢獻任何價值，等到你離開這個世界後，才赫然發現自己人生的結局和成千上萬泛泛之輩一樣了無生氣。愛迪生（Thomas Edison）曾說：「沒有熱情，任何偉大的事業都不可能成功。」而現實正是如此。

巴洛克時期著名作曲家韓德爾（Händel）年幼時，家人不准他接觸樂器，不讓他去上學，哪怕只是學習一個音符。但韓德爾卻對音樂充滿著令人難以想像的澎湃熱情，熱忱到讓他足以放棄睡眠，只為在三更半夜偷偷跑到閣樓彈鋼琴。

音樂神童阿瑪迪斯．莫扎特（Amadeus Mozart），則不像韓德爾一樣受到家人百般地阻撓，且他的父親李奧波德．莫扎特（Leopold Mozart）正是一名宮廷音樂家；因此，他很小的時候，就接受了完善的音樂教育。但也是因為莫札特會在每天夜裡偷偷跑去教堂聆聽風琴演奏，父親才察覺到他對音樂的興趣如此濃厚，因而更進一步地栽培他。

熱情帶動能力的提升，讓每個明天都充滿希望，讓自己每天都前進一小步，也讓他人受到積極的感染；熱情也讓我們堅信前途會更美好。若想公司的發展日漸昌盛，就需要員工付出絕對的熱情；因此，各行各業都在呼喚著富有熱情的人前來引領潮流。

沒有熱情，生活將不堪想像，缺乏熱情的人就不會擁有美妙的人生和光鮮亮麗的成就。

人生的道路上，想成功就要挑戰，就要有勇氣面對身邊每一件事，懷著必勝的信念，哪怕路途困難重重，我們也要持之以恆，頑強拼搏。當發令槍響時，你是否有足夠的動力去實現你的夢想？你是否能超越你的對手一直衝在前面，直到人生的頂峰？讓自己跑起來吧，讓自己成為「發動機」，即使失敗也沒有什麼好遺憾的，吸取教訓、總結經驗，從頭再來，相信成功一定會屬於你！

## 始終熱愛自己的工作

有一句歌詞這樣寫道：「如果你不能與你愛的人在一起，那麼就愛和你在一起的人。」這句話可以套用在我們的工作和生活。

是的，也許現在的工作並不是你真心喜歡的，但請不要怨天尤人，試著用一顆誠摯的心，去熱愛、感受它，你會發現，其實它並沒有那麼令人討厭，甚至還有一些可愛之處。

問題不在於「我要如何找一份我喜歡的工作？」而在於「我要如何喜歡現在的工作？」很多人都不知道自己到底喜歡做什麼，但說不定你只要經過一些努力，就能發現目前工作的優點和有趣之處，促使你接受它，漸漸地，你自然而然就愛上這份工作，所謂「興趣是培養出來的」便是這個道理。

### 1 關注你的工作態度，而不是工作內容

你之所以會在這份工作上任職，首先就說明了你能夠勝任這份工作，所以並不是工作困擾著你，而是你對工作感到厭倦，缺乏熱情。而要克服這一點，就必須把你的注意力集中到工作態度上，若是一味地嘻嘻哈哈、

拖拖拉拉、敷衍塞責，只會使自己更失去工作的熱情；因此，你要樹立一個良好的工作態度，積極樂觀、勇於創新和挑戰。

## 2 不要總是盯著薪水

要知道，人在金錢面前永遠都不會滿足。所以，在適當的範圍內，不要把薪水作為衡量工作好壞的標準。你可以試著羅列出工作的原因，如此一來，你就能清楚地發現，獲取報酬其實只是工作的一小部分。而且很多人都表示，在工作上所獲得的滿足和成就感，大部分都來自於工作的過程，而不是取決於薪水多寡。更何況，人不僅是為了生活而生活，也是為了精神而存在；不妨在工作時想想你的理想或興趣，從中發現樂趣和期望。

## 3 發現自己的工作的重要性

請認真地思考一下，你正在進行什麼樣的工作，在整個工作環節中，你發揮著什麼樣的作用，再試著對自己說：「如果我不做這項工作，會導致怎麼樣的結果？」、「如果我努力將這個環節做好，公司會獲得怎樣的收益呢？」……透過這些問題，你會發現，其實自己在公司處於重要且關鍵的位置。也許你會說：「我做的別人也會做呀」，但你是否這樣想過「只有我最適合這份工作，因為只有我才能把它做到最好！」

以上三點並非只是心理學上的「暗示作用」，而是透過細緻且全面地分析，幫助你發現那些本來就存在，只是沒有被發現的價值，而這些價值正是因為你立於當前的工作才具有這份價值。

在生活中，還有這樣一個現象：有些人一開始便從事著自己喜愛的工作，但隨著時間的推移，對工作所抱持的熱情和初衷日漸減退，直到後來變成厭倦，甚至是反感。

中國人有一種傳統的觀念——安定，人們本能地渴求生活安定，不希望有太大的變動和波瀾，而這種安定的想法在某種程度上，深深影響著我們的工作態度。很多人甘願長期待在同一職位上，五年、十年、二十年，甚至一直到退休，而長期處於同一職位，每天做著相同的事情，時間久了，難免會產生厭煩和牴觸的心理，就像婚姻，也會有「七年之癢」的道理一樣。這種情況其實很好處理，畢竟你不是不喜歡這份工作，只是因為厭煩導致牴觸的負面情緒產生；因此，只要適當地做些調整，你就能重新拾回「熱愛、熱愛、再熱愛」的正面態度。

## 1 用積極的態度面對生活，保持充沛的精力

奇異（GE）公司的總裁傑克．韋爾奇（Jack Welch）每天都興致勃勃地迎接工作。《華爾街日報》曾這樣報導：「韋爾奇可以花一天的時間參觀一家工廠，然後跳上一架飛機，在飛行途中小睡幾個鐘頭後，又再次開始工作。而其他時間，他也許會到愛達荷州（又譯愛達華州），如自己所說的那樣：『瘋狂地滑五天的雪』展現自己過人的精力。」

充沛的精力是將工作做好的關鍵因素，而積極的態度則能維持一個人良好的精神狀態。若你能用充滿熱情和鬥志的態度面對工作，相信你會比別人更容易發現工作中的樂趣，且享受樂趣的同時也能增加更多探索的動力。

## 2 定期總結自己的工作成果，為每一個小成功感到高興

也許對目前的工作，你已經非常得心應手，能夠熟練操作每一個環節；也許在現在的工作上，你已獲得傲人的成績，能力甚至超過相同職位上的任何人。但正是因為如此，使你滿足於現狀，日漸不思進取。試著不定期地替自己制定一些小目標，然後全力以赴，力求突破原訂計畫，並為每次的成功感到高興；有目標才會有動力，有動力才會有發展，讓成功的喜悅中促使你不斷地努力。

## 3 挑戰自己

每一天都不一樣，每一天都是新的，所以每一天都存在著新的挑戰。傑克・韋爾奇常說：「如果你從來都沒有過新點子，不如辭職。我們每天起床，都有一大堆的機會。」機會是留給準備好的人，所以不要安於現狀，時時刻刻都保持緊張的心情，迎接下一秒出其不意的挑戰。

每個人都在追求快樂的生活，雖然每個人的「快樂」都不相同，但能在工作找到快樂的人肯定不多；因此，若我們說這些人擁有幸運的人生並不為過。一份工作有趣與否，並不是由工作內容決定，而是取決於你的看法，我們喜歡它還是討厭它只在一念之間，因此，對於工作，我們可以做好，也可以做壞。

所以，從此往後都不要再抱怨：「為什麼我的工作不是我喜歡的工作？」聽聽，這種抱怨有多麼愚蠢，與其抱怨，不如想辦法重拾自己的熱情，將熱情再次注入工作之中，衝向另一個高峰。

# 1-2 勤奮：讓你不會止息

「在天才和勤奮之間，我毫不遲疑地選擇勤奮，它幾乎是世界上成就一切的催生婆。」

——愛因斯坦 Albert Einstein

## 惰性，使人失去一切

有一個著名的漁夫的故事：

在一個天氣晴朗、風和日麗的下午，一名富翁來到海邊度假。他突然決定拍攝海的景色，接連拍了好幾十張，而拍攝聲吵醒了一位正在睡覺的漁夫，抱怨富翁打擾了他的美夢。

富翁問道：「今天天氣這麼好，正是捕魚的好天氣，你怎麼反而在這兒睡懶覺呢？」

漁夫說：「我給自己訂的目標是每天捕獲二十斤的魚，平時要撒網五次，但今天天氣好，我只需撒網兩次，二十斤漁獲就達到了，所以沒事就睡睡午覺，悠閒一下。」

「那你為什麼不趁機多撒幾次網，捕更多的魚呢？」

「那有什麼用呢？」

富翁得意地說：「這樣你在不久的將來就可以買一艘大船。」

「那又如何呢？」

「你可以雇人到遠洋去捕更多的魚。」

「然後呢？」

「你可以成立一個魚類加工廠。」

「然後呢？」

「你可以買更多的船，捕更多的魚，把魚賣到世界各地。」

「然後呢？」

「你就可以做大老闆，再也不用捕魚了。」

「那我幹什麼呢？」

「你就可以每天在沙灘上曬曬太陽，睡午覺了。」

漁夫說：「我現在不就在睡覺、曬太陽嗎？」

這個故事看起來十分有趣，我們可以將漁夫的行為理解為「知足常樂」，但同樣地，我們也可以將其行為視為「不思進取」。

如果你安於現狀，那麼原本充盈在胸口的滿腔熱情就會逐漸流失，只有不滿於現狀的人，才能成為勝者，成為真正成功的人。

很多人都很欣賞上述故事中漁夫這種怡然自得的生活方式，但他這種行為是屬於低層次的，與富翁所謂的曬太陽是兩種截然不同的生活品質。漁夫的行為其實是「惰性」的使然，如果大家都像漁夫那樣天天曬太陽、安於現狀，社會就無法進步，科技和文明就無法發展到今日的輝煌。

一隻小青蛙厭倦了小水溝的生活，而且水溝的水越來越少，快沒有什麼食物了。於是牠每天不停地跳，想要跳離這個地方，而牠的同伴則整日懶洋洋地蹲在混濁的水窪裡，說：「現在還不到餓死的地步？你急什麼呢？」

有一天，小青蛙縱身一躍，終於成功跳進旁邊的一座大池塘，裡面有很多美味的食物，空間大到可以讓牠四處悠遊。

小青蛙呱呱地呼喚自己的同伴：「你快過來吧！這裡簡直是天堂！」但那隻青蛙毫不在乎地說：「我在這裡已經習慣了，從小就生活在這裡，懶得動了！」

不久，水溝裡的水果真乾涸了，小青蛙的同伴因此活活餓死在那。

小青蛙的同伴因為「懶得動」，最終讓自己困死在小水溝；相信每個人都知道小青蛙是明智的，但絕大多數的人卻重覆著其同伴的行為。就是因為這種「惰性」，讓人們沒有意識到自己可能正處於一個危險的境地，最後不僅什麼也得不到，還失去一切，甚至是葬送自己的生命及未來。

對於想成大事的人來說，勸奮是最好的資產，懶惰者絕不可能成大事，因為他們貪圖安逸、好逸惡勞，察覺到一點兒風險時，就嚇破了膽，不知該如何是好。而且，這些人還缺乏吃苦耐勞的精神，總妄想天上掉下的禮物；相反地，對成功者而言，他們不相信伸手就能接到天上掉下的禮物，堅信著唯有勤奮才會有所獲，遵從「勤能補拙」這句話深刻的含義。

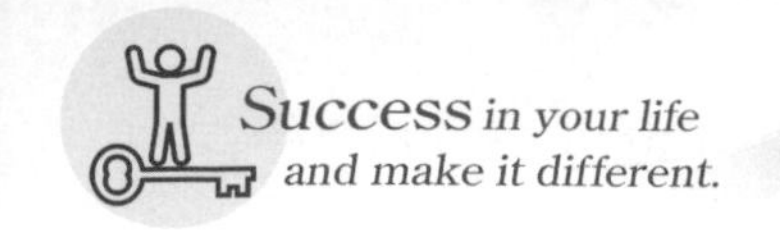


兩名漁夫聽說現在海螺在市場上的行情特別好，於是兩人約好一大早去撿海螺。其中年輕的漁夫心想：「我的視力好，手腳俐落敏捷，比起那老漁夫，我的收穫必定豐碩，而且我還要挑出又大又好的。」

於是，這一老一少便開始撿海螺。老漁夫只要看見海螺，就像如獲至寶般撿起來，年輕人則撇嘴不屑地說：「這麼小的海螺，你也要，彎一次腰都不划算。」不到一會兒，老人的袋子已裝了一大半，但年輕人的袋子還是空空如也。

年輕人不屑地說:「那有什麼！我走得快，而且眼尖，只要發現到，我彎一次腰就能撿得更多。」

年輕漁夫就這樣走了大半天，始終沒有發現又大又好的海螺。所以，他的袋子裡僅有一點點，而且這還是他心不甘情不願地才彎腰撿得收穫；反之，老人的袋子早已裝滿。

傍晚，兩人在回程的路上遇見另一名漁夫，那人問道：「那片海灘的海螺多嗎？」老漁夫笑呵呵地回答：「多！很多啊！你看我一天撿了這麼多呢！」

年輕漁夫的聲音也同時開口回道：「哪有什麼海螺啊！只有零星幾個，根本不值得去！」

為什麼在同樣的地方、同樣的時間，兩個人的收穫會天差地遠，結果會如此懸殊呢？為什麼懷抱著「做大事，賺大錢」的年輕人反而收穫甚微？

其實問題的癥結點在於，老漁夫不像年輕漁夫那樣好高騖遠，他珍惜每一顆海螺，寧願為小小的海螺彎腰。而年輕人只對「碩大肥美」的海螺出手，但哪裡有這麼好的海灘能供他一人取用呢？小的不要，零散的不要，東挑西撿又怎麼會有豐厚的成果？更何況，若真有那個海灘，還輪得到他來撿拾嗎？

很多人和年輕漁夫一樣，認為自己是成就大事的料，非大錢不賺，對那些「小錢」不放在心上，甚至不屑一顧。但如果你將這種想法帶入事業之中，那失敗的可能性恐怕非常大。沒錯！一位大客戶也許能一次就帶給你百萬元的豐厚利益，是十幾位小客戶累計起來的總和；可是如果把希望都寄託在大客戶身上，而漠視、怠慢其他的小客戶，有朝一日，你將會失去可能成為大客戶的他們。簡單來說，如果你只追求大錢的話，未來你可能就要承受與當初相對等的損失；你對大錢的定義越高，懷抱著不切實際的作為，未來的損失就越無法估算。

切記，「莫以利小而不為」，只有將一分一毫視為珍寶，經過點滴的累積後，你才能收穫滿載。

「積少成多」，所有的成功都是累積起來的；所有將軍都是從小兵做起；經驗則從諸多小事學習總結而來；財富更是從小錢累積，重視分毫而成。明智的生意人從來不會拒絕任何一筆生意，他們就是因為善於累積才變得富有。

要得到多少，就必須付出多少；只有你先付出、先投入、先給出去，才能獲得更大的報酬。

笨鳥要先飛，如果你不夠聰明，那就靠勤奮來彌補；如果你不夠強壯，那就培養出更堅強的鬥志。面對同樣的路程，同樣的高度，你雖然在某些方面不如他人，但只要你比別人更早付出更多地努力，更能為了目標而堅定不移地奮鬥，那即使你無法超前，也能與他人並駕齊驅地抵達目的地，俗話說「勤能補拙」就是這個道理。

自身的缺點並不可怕，可怕的是缺少勤奮的精神。在勤奮的催化下，再艱鉅的任務都有成功的可能，所謂聚沙可以成塔，涓滴可以匯流，愛因斯坦（Albert Einstein）也說：「成功是百分之九十九的努力加上百分之一的天份。」雖然不是人人都有天分，但在成功裡占最大百分比的卻是努力，只要願意，沒有任何藉口或外力可以阻止你邁向成功。

康朵麗莎・萊斯（Condoleezza Condi Rice）十歲時與家人到華盛頓遊覽，卻因為他們是黑人，不能進入白宮參觀。小萊斯為此甚感羞辱，回家後斬釘截鐵地告訴父親：「總有一天，我要成為那棟房子的主人！」萊斯的父母很讚賞她的理想，經常對她灌輸這樣的觀念：「改善黑人地位最好的辦法，就是取得非凡的成就，如果妳拿出雙倍的努力，或許就可以趕上白人的一半；如果妳付出四倍的辛勞，或許就可以和白人並駕齊驅；如果妳願意付出八倍的辛勞，就一定可以超越白人。」

萊斯因此受到極大的鼓舞，以八倍的努力勤奮學習。一般來說，白人在二十六歲時可能碩士班還沒畢業，但她已經是史丹佛大學最年輕的教授；此外，她還學習網球、花式溜冰、芭蕾舞、西餐禮儀等白人之間頗為盛行的文化活動，舉凡白人能做到的，她也都要做到，而白人做不到的，她更要做到。最後，她果然用八倍的辛勞使她黑人的身分，遠遠超過白人的成就，成為美國首位黑人女國務卿，具有相當的影響力，並以出色的才幹跨越了種族和性別的劣勢，為世界政局開啟歷史新頁。

也許有些先天條件不足的人，會質疑上帝造化弄人，自己必須付出更多的努力才能獲得成功，有時候甚至是屢戰屢敗。又因為某些無法靠後天努力改變的特質，認為再多的努力也不及別人先天佔有的優勢，因而怨天尤人、自怨自艾。

笨鳥的確要先飛，但先飛的不見得就是笨鳥。現今社會的競爭日益激烈，屬於個人和公司發展的機會稍縱即逝，無論是公司還是個人都面臨著極大、更多的挑戰。如果不著眼於未來長遠的發展；不抓住每一個引領市場的先機；不比競爭對手成長得更快，那過去的一切成就皆會成為過眼雲煙、稍縱即逝。在競爭如此激烈的市場中，停止發展已不再只是留守原地，而是意味著落於人後，所以沒有人敢放慢前進的腳步，即使他已取得了不小的成就；也沒有任何一家公司敢停下發展的進程，即使它現在已處於該行業的龍頭地位。

美國某汽車生產公司曾一度雄霸全球汽車市場，在過去幾十年間，其領導人憑著對汽車業的熱愛和堅持不懈的精神追求成功，使公司從最初創建的小工廠，搖身一變成為跨國企業，公司更從十幾個人的規模，成長為數萬人，事業版圖遍及全球。但它現在的市場地位卻稍被以前不起眼的日本企業取代，這聽起來令人匪夷所思，但事實卻是千真萬確。

為什麼昔日的汽車巨頭會被當初不屑一顧的日本汽車公司擊敗呢？原因就在於它早已停滯不前，其領導人滿足於現今企業的榮景，且員工也認為公司已是世界汽車業的龍頭，他們要做的只有保住手中的飯碗，不用再勞心勞神地謀求什麼發展，為公司帶來什麼創新成長。

相反地，競爭對手始終認為自己不成氣候，資金短缺，所以一刻也不得閒，從沒停下成長的腳步，員工總是激勵自己努力工作，公司也總是訓誡他們：「公司正在飛速前進，如果你們跟不上發展的速度，那麼我們只好另請高明。」在這種持續地鼓舞及刺激下，日本汽車公司迅速崛起，員工也成了各個公司宣導學習的楷模。

早起的鳥兒有蟲吃，知道先飛的鳥兒就不是笨鳥，只有那些滿足現狀、停滯不前的鳥兒才是名副其實的笨鳥。

公司若要在競爭中獲得發展，個人若要在行動中實現成長，就要你毫無休止地一同開拓未來的道路。萬不可坐等機會的到來，不要認為康莊大道會自動鋪設在你面前；且即便機會已經來到你身邊、平坦的大道已然鋪在你腳下，倘若你不懂得抓住機會，勇於前行，那你也永遠無法接近終點。無論你的資質如何，有行動才能產生能量，永遠要搶在競爭對手之前先發制人，永遠要比公司期望的做得更好，這樣公司的發展路上才會有你相伴，你才能驕傲地宣告自己為公司的成長立下汗馬功勞。

當成功者被問到成功秘訣時，往往都會說一些被認為是老生常談、缺乏新意的話，例如「一分耕耘，一分收穫」、「勤能補拙」、「要怎麼收穫先怎麼栽」……等俗諺。但他們確實是靠長期的奮鬥和貫徹始終的奉獻精神而獲得成功，如果沒有日積月累的奮鬥，他們哪有成功的基礎；如果沒有卓爾不凡的奉獻精神，他們如何創造出那令人矚目的成就？成功沒有秘訣，除了努力不懈的奮鬥外別無他途。千萬不要以為這是空談，不要企圖去尋找所謂的「成功捷徑」，如果你剛愎自用，堅決要那樣做的話，很快就會嚐到一無所獲的滋味，甚至比現在的處境更艱難。

##  每天多做一點，創造出超越他人期待的價值

也許有人會問：「我也付出、努力過，為什麼我取得的成就就是無法與那些成功者相比呢？」

我想這個問題的答案源自於你所創造的價值多寡；天下沒有白吃的午餐，自然沒有不勞而獲的事情，能讓你坐享其成。同樣地，一間公司也不會為無法創造價值的員工保留位置，而這偉大的價值必須靠你長期的奉獻跟不屈不撓地探究。

卡洛．道尼斯（Carol Downes）是世界知名的投資顧問專家，他最初為通用汽車創辦人杜蘭特（William Durant）工作時，職位很低，但之後卻成為杜蘭特先生的得力助手，甚至擔任旗下一家公司的總裁。卡洛．道尼斯之所以能如此快速地晉升，秘密就在於「每天多做一點」，他認為自己成功的關鍵是做超出職責外的工作，創造出超越老闆期待的價值。

在談到自己成功的秘訣時，卡洛．道尼斯先生說：「在為杜蘭特先生工作前我就注意到，每天所有的人都下班回家後，杜蘭特先生都還會待在辦公室加班到很晚。因此，我決定一起留在辦公室裡加班。是的，沒有人要求我這樣做，但我認為自己應該留下來，在杜蘭特先生有需要時，為他提供一些幫助。我發現杜蘭特先生時常需要找檔案、列印資料，最初這些瑣事他仍親自處理。但很快地，他發現我隨時在等候他的差遣，因而養成依賴我幫他做事的習慣，到最後發現自己已不能沒有我的協助。」

不斷創造新價值的精神，使卡洛・道尼斯在成功的路上無往不利，為自己創造了一次又一次的成功機會，也提升了自己的才智和能力水準。

當你漸漸習慣在每天的工作多做一點時，不管是提前上班、延後下班，還是稍加嘗試職責本分外的事，或如何讓任務執行地近乎完美……等，久而久之，你會發現自己在工作中的成長多得難以想像。不管是專業知識、工作效率、創新思維、同事和上司的眼光與評價……都在這些付出裡逐漸醞釀；多付出不僅是個人成功的祕訣，也是企業追求卓越的蹊徑。

多一些奉獻，多一些付出，就會創造多一分的價值，你就能在事業上踏向新的台階，公司就會因此前進一小步。沒有付出就沒有收穫，不願奉獻就無法創造價值，任何一家公司都不會接受無法創造任何價值的員工，世界上也沒有任何一塊土地會為不肯施肥的人開花結果。

英國著名作家薩克萊（W. M. Thackeray）曾經說過：「生活是一面鏡子，你若對它笑，它就對你笑；你若對它哭，它也就對你哭。」這句話蘊含了豐富的人生哲理，如果將其中的意涵延伸到事業與工作上，可詮釋為：如果你樂於奉獻、勤於付出，腳踏實地開拓人生，那麼必將獲得實質地回報；如果你敷衍工作、消極怠惰，試圖愚弄公司，那麼公司給予你的也只會是一場空。且你永遠都不會擁有傲人的成就，也永遠不會創造出令人欽羨的價值。

# 1-3 智慧：讓你無限擴充

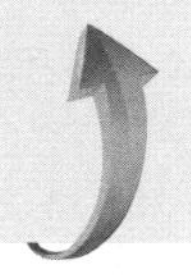

「創造靠智慧，處世靠常識；有常識而無智慧，謂之平庸，有智慧而無常識，謂之笨拙。智慧是一切力量中最強大的力量，是世界上唯一自覺活著的力量。」

——馬克西姆·高爾基

## 知識＋思考＝智慧

智慧決定生命的高度和存在的價值，出社會第六年到十年之間，你需要的是用智慧穩固自己的發展。

每個人都有無限的潛能，許多人窮其一生在激發自己的潛能，期望能為自己帶來成功。其實，激發的本質就是要把你天生的智慧誘發出來，進而掌握新的能力。

洛克斐勒（Rockefeller）曾說：「我們思想的大小決定著我們成就的大小。」這句話意思是說，我們若想成功，就不要看輕自己。他也在芝加哥大學的演講會上說道：「成功不是以一個人的身高、體重、學歷或家庭背景來衡量，而是以他思想的『大小』來決定。我們要看重自己，克服人類最大的弱點——自貶。千萬不要廉價地出賣自己，貶低了自我價值，你比自己想像中的還要偉大；所以，要將思想擴大到真實的狀況，絕不要看輕自己。」

洛克斐勒在芝加哥大學的演講會上也說，那些相信自己能承擔大任的人，往往會變成大人物，因為他們看得起自己，認為自己是最重要的；唯有相信自己，才能讓別人也相信你。

而正如洛克斐勒所說，我們每個人都無法逃脫這樣的推理原則：你怎麼思考將決定你怎麼行動，你怎麼行動將決定別人對你的看法。「我思，故我在。」是笛卡兒最有名的一句話；思想是人最重要的東西，一名沒有思想的人，就如同行屍走肉一般，將失去生存的意義。因此，笛卡兒在抽象的層次上指出思想才是人類存在的依據。做一位有思想的人，才能獲得人格意義上的獨立，才不會依附在他人身邊，真真切切地實現自我。

在這個世界上，有思想、會思考是成功人士與一般人最大的區別；思想，就像一個隱藏在腦袋中的宇宙，蘊涵著無窮的力量。有思想的人與其他人主要的區別就在於經常思考，遇到問題或覺得困惑時，不會像一般人一樣，依循於別人的決策，或是向書本或陳規尋找答案；而是將基礎建立在「聽人說」和「看書」之上，透過自己的思考、理解來辨別真假，且又在這個過程中，學會新的知識。

在一個平整的平面上，有一隻螞蟻，牠想從 A 點爬到 B 點。當然，在正常情況下牠可以順利抵達，但如果有人在平面上放了一塊隔板，將 A、B 兩點之間產生阻隔，螞蟻就無法抵達了。因為螞蟻的視野侷限在平面內，牠會認為平面被分割了，A 點和 B 點不在同一個二維空間，所以無法到達目的地。但對於一隻蚊子來說，牠的視野在三維空間中，不會被二維空間侷限住，所以牠很容易就能看出阻隔，進而從其他路徑抵達目的地。

這個例子說明，若人的思想越開闊，視野就越寬廣，成功的可能性就更高。既然二維空間有侷限，那就去突破它，在更深遠的層次及空間上重新思考問題；人一輩子會遇到很多問題，若你能琢磨出一、兩個，就能對生活產生莫大的影響。

在現代社會，我們會覺得年輕人似乎越來越懶散，什麼事情都不願靠自己思考，什麼東西都選擇「傻瓜牌」、「全自動」，等到真正面臨大問題時才束手無策，而這就是因為長期不思考，漸漸喪失獨立思考的能力。

在我們生活的周遭，有多少人瞭解獨立思考的重要性呢？又有多少人經常獨立思考呢？也許有人會說：有什麼好想的，別人怎麼做我們就怎麼做。從此便沒有了主見，兩隻眼睛盯著別人，兩隻耳朵聽著別人，一切行動看別人，從不以自己的角度來思考其它特殊性。請你試著思考以下幾個問題：別人能做的我們就一定能做嗎？別人不能做的我們就一定做不了嗎？別人認為對的，我們就一定要附和嗎？別人說我們做得不對，嘲笑我們，難道我們就要放棄嗎？

思考是一個人能力的表現，能獨立思考的人往往能得到老闆的重用，因為他可以獨當一面，至於那些人云亦云的人則永遠是平庸之輩。

俗話說得好：「腦子越用越靈活」你思考得越多，解決問題的能力就越強；分辨事物的能力就越強；處理事情的邏輯也就越強。

真正的智慧，是透過不斷地學習，不斷認真地思考獲得的；唯有勤學好思才是真智慧。

## 閱讀力擴大知識能量

我們要趁著年輕，學會充分運用大腦，勤於思考，遵循大腦用進廢退的定律，努力提升自己的閱讀力，始終不懈地追求知識，瀏覽大量書籍，擴展知識能量，持續地學習與掌握新學科、新知識，並勇於提出與研究新的問題。

漢朝有一位名叫匡衡的孩子，非常勤奮好學。由於家境貧窮，他白天必須替有錢人家打工，掙錢糊口；到了晚上，他便在家中找個角落讀書。可是，夜晚的光線不明，要看清楚書上的字很費力，不僅看得傷眼又費神，讓他十分苦惱。

而他的鄰居家裡很有錢，只要一到晚上，整間房子都會點起蠟燭，將室內照得燭火通明。有一天，匡衡決定向鄰居求助，他與鄰居商議：「我晚上想讀書，可我買不起蠟燭，能否借用你們家一塊小角落看書呢？」但鄰居一向瞧不起窮人，反而惡毒地挖苦他：「既然你窮得買不起蠟燭，那還讀什麼書呢？」匡衡聽到很是氣憤，讓他下定決心，無論如何一定要把書讀好。匡衡回到家後，突然靈光乍現，想到一個好辦法，他在牆上悄悄鑿了一個小洞，鄰居家的燭光就從這個孔洞透了過來。他藉著這微弱的光線，如饑似渴地讀起書來，把家中的書全讀完了。

待匡衡讀完這些書後，深覺自己所瞭解的知識還嫌不足，因此想看更多的書，求知欲越發地強烈。

一天，他不經意得知附近有位大戶人家的家中有很多藏書。於是，他鼓起勇氣去見這戶人家的主人，他懇求道：「請您收留我，我可以為您工作不求報酬，只要讓我翻閱您全部的藏書就可以了。」主人被他的精神所感動，答應了他的要求。

日後，匡衡憑著自己的勤奮努力，讓他成為漢元帝的丞相，是西漢時期有名的經學大師。

讀書可以為你帶來更多的東西，就像一棵正在成長的樹，若你源源不絕地輸入營養和水分，將使之更加茂盛。

曾被譽為台灣最有智慧的女人陳文茜，她的機智及宏觀的視野，來自於她良好的閱讀習慣。無論再怎麼忙，她每天都會大量閱讀國際要聞及各類書刊，以致於頭腦反應迅速，讓她可以在短時間內講出深度且有條理的言談，更讓人為她精闢的見解及犀利的觀點深深佩服。驚嘆她如何能懂得那麼多，上知天文、下知地理，彷彿沒有問題可以難倒她，她的求知欲和對閱讀的熱忱，實在值得我們去學習。

英國哲學家培根說：「讀書在於打造完全的人格。」

高爾基說：「沒有任何力量比知識更強大，用知識武裝起來的人是不可戰勝的。」

東漢思想家王充說：「不學自知，不問自曉，古今行事，未之有也。」

毛澤東也說：「我一生最大的嗜好便是讀書。」書對他而言就是生

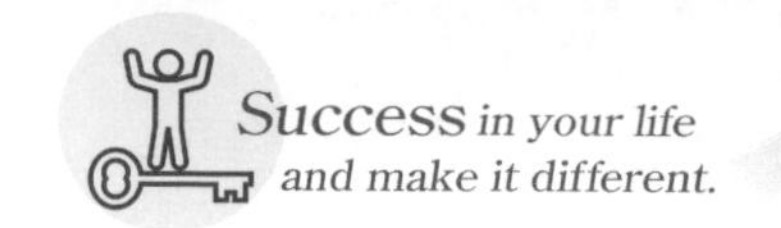


命，就是生活中的一部分，而他的讀書方式也十分值得我們讚賞與學習：一是不讀死書，不為書所困擾。二是會選書，用有限的時間來讀有意義的書。毛澤東最常讀得的是中國古籍《二十四史》、《資治通鑒》、《通鑒紀事本末》、《紅樓夢》、《唐詩三百首》、《稼軒長短句》、《容齋隨筆》，甚至連《笑林廣記》都是毛澤東經常閱讀的書。三則是學以致用，毛澤東善於使用歷史典籍與人講道理，說明他對這些歷史教訓是深有領悟的，「實事求是」、「懲前毖後，治病救人」、「知無不言，言無不盡」、「言者無罪，聞者足戒」、「兼聽則明，偏聽則暗」、「凡事豫則立，不豫則廢」、「多謀善斷」……等古語都是毛澤東常使用的詞句，可見他閱讀之廣博。

智慧取決於知識，無知的人不可能擁有智慧，且知識若不能透過腦袋思考，將其融會貫通變成自己的東西，那就是在浪費時間記憶而已。唯有透過思考，知識才能變成真正有用的東西；因此，除了善於學習外，更要善於思考，只有這樣才能將各類學識成為自己的智慧。

##  知識就是力量，方法就是智慧

洛克斐勒（Rockefeller）曾說過這樣一句話：「我們必須讓自己成為一位策略性的思考者，而不是手段的設計者。」這句話是在告訴我們，人若想要成功，就要有戰略性的思考方式和眼光，而不是拘泥於一些小問題。

洛克斐勒有位好友漢密爾頓，他是一位醫生，常常在聚會中講笑話給大家聽。這天，在講完垂釣者和漁夫的故事後，他問洛克斐勒：「先生，您想做漁夫，還是想做垂釣者呢？」

這是一個好問題，洛克斐勒開玩笑地回答他：「如果從前我選擇做垂釣者，那現在我根本不可能和你們一起打高爾夫，更不可能坐在這與你們聊天，因為垂釣者的方式不能保證我如今的成功。」

接下來，洛克斐勒闡述了垂釣者和漁夫這兩者思考方式的不同。儘管垂釣者也會事先做好思考、計畫、決定，去哪裡釣魚、用什麼誘餌、要釣哪種魚，需要將釣線拋到哪裡，然後才坐等大魚上鉤；就形式而言，垂釣者沒做錯什麼，但結果是否如願卻沒人知道。他們有時會花上半天甚至一天的時間，卻可能一條魚都釣不到，也有可能只有幾條魚。而漁夫就不同了，他不用垂釣這種方式，他的目的就是捕魚，只要他出海撒開漁網，就能收穫頗豐。

洛克斐勒說自己不是固執、刻板的人，只要能達到目的，就不會太拘泥於形式。他說：「作為總裁，我會為部屬設立清楚明確的方向或策略，但不會過分侷限於僵化的行動計畫之中。相反地，我會持續探索其他能夠實現策略的各種可能性。」

的確，正如洛克斐勒所說，他非凡的能力源自於他的思考方式，他也曾告誡自己的兒子，無論你做什麼，找出完美想法的最佳途徑，就得擁有許多假設性的思考。在做出最完美的決定之前，你要致力於尋找具有創意與功效的各種可能上，考量多種方案，並積極嘗試各種選擇，最後才將重點放在最好的選擇；而這也是他能捕到大魚的原因。

那麼，什麼是策略性思考呢？所謂策略性思考就是指重大且帶有全域性或決定性的謀略。戰略觀念的核心問題就是如何處理長遠利益和眼前利益以及局部利益和全域利益的關係問題。正確的戰略觀念來自於實踐，事物不斷地發展，所以戰略觀念也離不開發展；只有兼具知識和智慧，你才能成為一位全面發展的人。

洛克斐勒說：「知識是外在的，是我們對所見事物的認識；智慧則是內涵，是我們對無形事物的瞭解。只有二者兼備，你才能成為全面發展的人。」這句話說明了書本的知識和真正的智慧兩者之間的關係。一個人，只有將書本的知識轉化為實際能力，才能成為有用的人。的確，社會文明發展至今天，實質能力和創新精神已成為一種判定人才的標準，更是一種時代精神。哈佛大學教授也指出：學校裡所學的東西是十分有限的，而在工作中和生活中需要相當多的知識與技能，這完全得靠我們在實踐中邊學邊摸索。

生活中的年輕人們，作為新時代的接班人，你也應該注意將理論與實踐結合起來，這樣的學習才是有智慧的學習。

##  知識拓展影響發展空間

一位博學的智者正在花園修剪花草，他精心呵護每一株幼嫩的花朵，認真修剪每一株橫生的枝芽，每株花草的肥料都是他精心調配的；因此，花園內姹紫嫣紅又井井有條，看到這春意盎然的花園，他心中就充滿著喜悅。隔壁鄰居也想仿效他，所以雇用了一名經驗豐富的園

丁來幫他管理花園。某天，園丁看到正沉浸在園藝中的智者。

園丁問：「先生，您為什麼那麼開心呢？有什麼值得高興的事可以和我一起分享嗎？」

智者回答：「當然可以，你看這滿園的春色，我只要看到這些生意盎然的花草就開心至極呀。」語畢，卻看到園丁臉上露出些許愁容，他不禁問道：「你怎麼了？難道你覺得我的花園不夠漂亮嗎？」

園丁環視著智者的花園回答道：「噢，您的花園的確漂亮極了，可是您看看我的花園，我用心打理，種植花草的經驗也相當豐富，但為什麼這些花草就是長得一點也不好呢？難道您有什麼獨門秘訣嗎？」說到這裡，園丁滿懷期待地看著智者。

智者微笑著問園丁：「你從事這工作多久了？」

「三十多年了。」園丁回答。

「那你都如何從事著這項工作呢？」智者又問。

「我每天辛苦地鬆土、施肥、剪枝，幾十年來從沒懈怠過」園丁繼續回答，「您應該能瞭解，我需要靠這份工作來養家餬口。」

「這麼說來，你幾十年來只知道在花園裡辛苦地勞動，僅依靠種花的經驗來整理花園，從來沒有想過要去充實更豐富的知識來經營這片沃土嗎？如果你真的這樣度過了三十年的園丁生涯，那我真為你感到遺憾。」智者說道。

園丁說：「是很遺憾，但有什麼辦法呢？我可不像您有學問，再說，栽種花草除了每天在土地上勞苦奔波外，還需要什麼知識嗎？我知道您博學多聞，可您大可不必把任何事情都扯到知識上來。」

智者回答：「修剪花草當然也有學問，如果僅依靠經驗來培育花草，而不豐富這方面的知識，你自然培育不出優良的品種，也不可能讓花園呈現出花團錦簇的景色。」

「那您說說，培育花草需要哪些知識？」園丁又問。

「培育花草的知識很多，最簡單的比如：特定花草喜好的溫度、不同物種需要用不同的肥料，以及各種花草對水分的要求……等等。另外，還有花草之間的相容性、離開原生地後花草天敵的影響，以及音樂和光照等因素對花草……等都會造成影響。」智者說完時，園丁聽得目瞪口呆，他平時雖然有留意到溫度、水分、肥料之類的問題，但智者所說的其它問題，他卻從來都沒想過。

智者見他一臉茫然，於是接著說：「舉個例子來說，有些花草在原產地有其它生物制約，但當它離開原生地，就沒有東西能夠制約它的生長，於是就會瘋狂侵佔周圍其它物種的水分和養分；如果在花園中種植這類花草，那整個花園都會被它霸佔，時間久了，原先百花齊放的花園就會變成這類物種的天下，唯我獨尊。」

聽到這裡園丁恍然大悟，連聲說：「怪不得，怪不得呀！在前一個主人的花園裡，我總無法根除某一種草，最後它竟占滿了整個花園，導致我被解雇。」

智者微笑著說：「如果你早點把工作當成一門學問，努力拓展自己的知識，且再加上你三十餘年的經驗，想必你早就嶄露頭角，你所照顧的花園將每天綻放著最美麗的花朵，時時獲得讚賞。」

知識的拓展會影響發展的空間，沒有豐富知識累積所建立的事業是不完整的事業。如果你在對待工作時，能從拓展事業的角度出發，便擁有一個積極的開始，且這樣的開始必然孕育著無限的生機，如同站在峰頂上眺望遠處的美景；相反地，如果僅用敷衍應付的角度出發，那你的事業必定是一個壓抑的開始，而這樣的開始沒有足夠的熱情和動力，就如同站在井底仰望蒼穹，只能看到一小片單調的天空。

素有「將軍搖籃」之稱的美國西點軍校，在兩百多年的輝煌校史中人才輩出，廣及集團總裁、沙場名將、國家元首……等等，其中一大致勝關鍵，即在於該校學生堅實而廣博的知識基礎。其學生必修三十二門核心課程，概括了哲學、政治、數學、電腦、歷史、國際關係、領導學、經濟學、英語、文學……等多樣領域，且在廣博的知識外，更要求深知，比如修習經濟學的學生，除以上三十二門課程，尚須修習其它經濟學科的指定課程，如總體經濟學、個體經濟學、國家安全經濟學……等，可見西點軍校對於知識培育的重視，讓學生爾後能在社會上充滿著發光發熱的能量。

首位華人諾貝爾物理獎得主楊振寧教授也認為，知識既能互相滲透與擴展，掌握知識的方法自然也能相互適應。在潛心修習其中一門課程之餘，不要吝於付出心力於其鄰近的知識領域，拓展自身的視野與智慧，別看到與眼前的考試或跟目標無關便放棄；長久下來，你能養成良好的學習態度與習慣，將來的成長與斬獲，必將遠遠超出當初你額外付出的心力。

當你選擇了一個行業，進入一家公司開展你的事業之際，你就應該知道自己要以什麼樣的姿態，並且要有哪些知識來開拓自己的發展空間。

艾德娜．卡爾夫人曾為杜邦公司雇用過數千名員工，現職於美國家庭產品公司公共關係副總經理，她說：「我認為，世界上最大的悲劇就是，有很多的年輕人根本不知道他們真正想做些什麼，他們很少考慮自己到底需要哪些知識，才能成為怎麼樣的人；他們想的僅僅是能從工作中獲得多

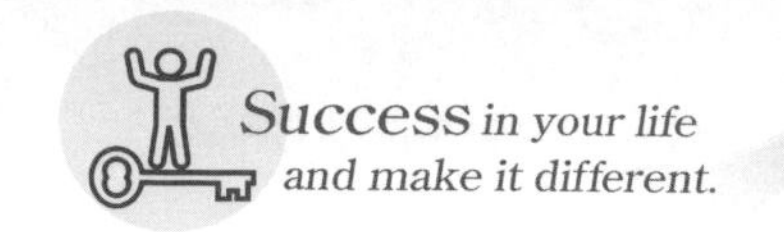


少薪水。我想一個人若只能從工作中獲得薪水，其它卻一無所獲，那真是再可憐不過了。」

擁有更豐富的知識才能提升智慧，拓展更廣闊的發展空間，只有在廣闊的空間裡人們才能實現更高水準的發展。反之，獲取的知識越狹隘，發展空間越小，能力水準就越低，最後就越容易滿於現狀、不思進取，這無疑是一個惡性循環，讓人深陷其中、無法自拔。

隨著科技發展的日新月異，知識成長的腳步也越發快速，更新的周期甚至縮短至不到五年。學習宛如逆水行舟，只要雙槳稍有懈怠，即有遭到急流沖擊、翻覆的危機。唯有鍛鍊自我，培養出求知若渴的心態，時時警覺自我充足與否，才能保證自己處於競爭的顛峰狀態。

曾為華人首富的李嘉誠，從青年時期起便積極學習外語，即使一天工作十幾個小時，也堅持學英語。他在經營塑膠工廠時，特地聘請一位私人教師，每天早上七點三十分準時上課，學習完再去上班，從未間斷。當年，懂英文的華人在香港為數甚少，這項優勢讓李嘉誠有拓展國際市場的機會，讓他能和外商的高階主管、老闆直接溝通商談。如今，李嘉誠已年至耄耋，但他依然維持著學習不懈的精神；而正是他勤奮苦讀的精神讓他開展海外商機，引領他走向致富之路。

生物進化論創始者達爾文（Charles Darwin）曾說：「我所學到任何有價值的知識都來自於自學。」十八歲那年，達爾文進入劍橋大學基督學院就讀，自行研究動植物學，並和友人撿拾樣本回來解剖專研；後來遇到亨斯洛（Henslow）教授，鼓勵他同步鑽研地質學。達爾文還曾到北威爾斯進行考察，學會挖掘、鑑定、整理和分析材料的能力，而這些都是奠定他物種起源論的基礎。

人生的高度，取決於學習的深度以及態度。學習乃一切能力之母，若想在高度競爭的今日獲得發展、拔擢，但沒有知識的加持，無疑是癡人說夢。仔細思索目前所處職位可能所需的專業知識及技能，甚至要貪婪地將周邊知識一同納進腦袋；如此一來，還會沒有你成長的空間嗎？

學習對我們的工作和生活都有著重要意義，它讓我們的頭腦能不斷運轉更新，活化我們的思考與能力，而不至於停滯僵化，慘遭時代淘汰。所以，我們應當樂於學習，體現人們對進步的追求和成長的渴望，且透過孜孜不倦的學習，我們可以在工作中發現更多解決問題的途徑，為公司的發展創造更多的機會。

有位年輕人問希臘哲人蘇格拉底說：「我該如何獲得知識呢？」蘇格拉底將他帶到海邊，要年輕人浸入海中感受浪潮覆蓋過臉的感覺。蘇格拉底在一旁眼睜睜的看著年輕人不斷奮力掙扎，然後狼狽地浮出水面。

他問從水裡起身的年輕人：「你在水裡最大的願望是什麼？」

年輕人回答：「呼吸！呼吸新鮮空氣！」

他說：「對！這就是獲得知識的態度。」

培養求知若渴的學習心態，才能讓知識與智慧呈直線上升的成長，使自己的學養「存活下去」，甚至「活」得越來越「壯大繁茂」；若時而偷懶、時而大量灌輸，一天捕魚，三天曬網，這就像不規律的呼吸一樣，會帶來痛苦甚至危及生命。

要想獲得成長和實現進步都離不開學習，所以除了培養正確的學習態度外，我們還應當善於學習。如果不講究學習的方法，即便你投入再多的時間和精力，也難以達到想要的效果，所以我們要掌握學習方法，培育卓越的學習能力。

學習可以從媒、從人、從經驗，只要能獲取自己先前不瞭解的一項新見解，就能稱之為學習。「從媒」，即透過各類媒介學習，例如書籍、刊物、廣播、電視、報紙、網路……等，這是學習的過程中最能完整獲得資訊，但也是最為耗費精力的一種辦法；「從人」，則是身邊親友到知名人士、權威，從他們的言談或經歷中汲取對自己有用的知識，即使是學歷再低、品德再差的人，也有我們值得學習的地方；「從經驗」，則是經由親身體驗，由學中做、做中學，體驗過去未知的領域，化為自身可用的資本。樂於學習、善於學習現已成了大多數公司主要的用人標準之一，若你達不到這個標準，那麼你就無法得到青睞；即使有幸成為公司一員，但在這個注重學習的大環境下，缺乏學習精神和能力的員工也只能被其他人超越，甚至是淘汰。

美國第二十八屆總統伍德羅·威爾遜（Woodrow Wilson）自幼出身貧寒，年方十歲就離家工作，做了十一年的學徒，每年僅有一個月的時間能接受學校教育。但這十一年間，他勤奮苦讀，唸過的書多達一千本，這對一個從農場出身的孩子來說實屬不易。

在離開農場之後，他又到了一百英里以外的麻薩諸塞州的內蒂克，向皮匠學習工藝。二十一歲，他則帶領一路人馬，進入一處人跡罕至的大森林砍伐圓木，每天破曉，他便扛著斧頭前往伐木，直到月明星稀後才離開，只為了賺取一個月六美元的酬勞。

威爾遜為了生活勞碌不已，不肯放過任何多賺取一分報酬的機會，但他仍然為自己保留一定的學習時間，並從各種可能管道獲取學習的教材，唸過得書可能還比一般人來得多。十二年後，他終於在美國政界脫穎而出，進入美國國會，開啟了他璀璨的政治生涯。

有位哲人說過：「能造就自己的東西不光是與生俱來，還要從學習所得，所以卓越者必謙虛好學。」這句流傳百年的名言，適用於任何時代、任何環境、任何人，且現今如此重視學習、知識與競爭的大環境下，這句話的意義更顯得重要，值得追求進步、成長的人深思。

學習不是浪費時間，而是為了讓工作更有效率。只會一頭熱、盲目地工作的人，或許也能將眼前的任務完成；但只有學習工作的方法、提高工作效率，才能將任務做得正確，甚至是做得盡善盡美，創造更多價值，也替自己做出不一樣的成就。

# 1-4 機遇：掌握住，成功隨後就到

「每人都有好運降臨的時候，只看他能不能領受；但他若不及時注意，或頑強地拋開機遇，那就並非機緣或命運在作弄他，歸咎於他自己的疏懶和荒唐；我想這樣的人只好抱怨自己。」

——傑弗里．喬叟 Geoffrey Chaucer

## 成功就藏在機會中

人成功的三大通道：一、擁有浩瀚的人生閱歷才能輕易放下，經歷錢才能解脫錢、經歷刻骨銘心的感情才不會被情所困；二、高人指點向當下最有成果的人學習，消化他背後的核心思維，最後方能橫空出世；三、萬念歸一專注、聚焦，水滴石穿的力量，心在哪裡，成果就在哪裡。

某報刊登了一則這樣的廣告：「一美元購買一輛豪華轎車。」

哈利看到這則廣告，半信半疑地想：「今天應該不是愚人節吧？」但他還是拿著一美元，按報紙上的地址找去。不一會兒，哈利找到廣告上所說的地址。一位少婦開了門，把哈利帶到車庫裡，然後指著一輛嶄新的豪華轎車說：「就是這輛轎車。」

哈利有點不安地付給少婦一美元，沒想到少婦真的把車給了哈利。辦完手續可以開車離開的時候，哈利仍百思不得其解，於是忍不住問她：「女士，你能告訴我這是為什麼嗎？」

少婦嘆了一口氣說：「老實跟你說吧！這是我丈夫留給我的遺物。他把遺產都留給了我，只有這輛轎車是屬於他的情婦。雖然他在遺囑裡把這輛車的拍賣權賦予了我，但所得款項卻歸他的情婦；我為了懲治那女人，決定以一美元賣掉它。」哈利這才恍然大悟。

回家途中，哈利碰到好友湯姆。湯姆好奇地問他怎麼買了輛新車，哈利便把他買車的經過和少婦賣車的緣由告訴了湯姆。聽完哈利的講述後，湯姆失望叫道：「噢，老天！我一週前就看到這則廣告了！」

人一生當中會遇到很多的機遇，只要你懂得抓住並即時行動，就能讓你的人生更美好順遂。

也許你會抱怨沒有機會實現自己絕佳的想法，但你要明白機會只屬於那些隨時準備行動的人。當幸運女神從門口進來，發現人們沒有準備好迎接她的時候，她便直接從窗子出去；因此，優柔寡斷的空想只會讓機會從眼前溜走、匆匆逝去，當你正埋首於籌劃一個極其偉大的想法的時候，成功的機會可能正和你擦肩而過。

洛克斐勒（Rockefeller）發現美國的石油資源豐富，但煉油技術卻很粗糙，石油品質極差，使用時難免有許多安全顧慮，造成美國很多家庭都需要石油，卻不敢輕易使用它的情況。洛克斐勒知道機不可失，因此，

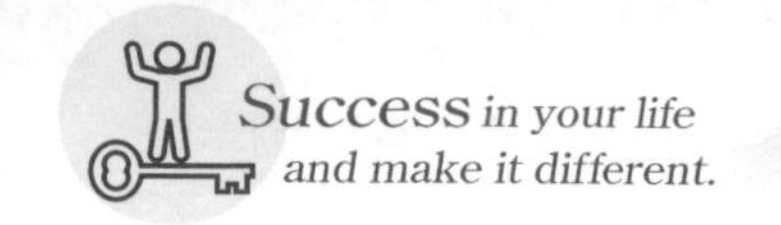


他與朋友安德魯斯合作，利用改良的技術，於1870年設立了只有一座油桶的「煉油廠」。起初有很多人都質疑這個想法的可行性，甚至還有些人嘲笑他們，因為他們的想法似乎還沒有成熟，也尚未籌備到足夠的資源就貿然採取行動。面對大家質疑的聲浪和嘲諷，洛克斐勒只說了一句話：「讓我們用行動來證明一切吧」這話一說出，馬上傳遍了世界各地。

很快地，他們的行動果真成為最有力的證明。洛克斐勒和安德魯斯所煉製的石油品質極高，安全且更有保障，獲得廣大的迴響，生意十分興隆。在二十年內，這間小煉油廠憑著當初不超過一百萬美元的精簡廠房和設備，發展為標準石油公司，資本總額達到九千萬美元。洛克斐勒成為當時最富有的人之一，且現今他們家族仍有著舉足輕重的地位。

美國好萊塢知名電影導演史蒂芬．史匹柏（Steven Spielberg）在他十七歲那年，首次進入環球製片廠參觀。他偷偷觀察了一場電影的實際拍攝過程，還與剪輯部經理長談一個小時後才離開，從那時起，有股不知名的欲望在他心中萌芽。

第二天，他穿了套西裝，提著父親的公事包，裡面帶了一塊三明治，再度來到拍攝現場，偽裝成工作人員，繼續觀察電影拍攝的過程，從佈景、道具、燈光、場控、攝影機位、演員對戲……等，每個環節他都反覆觀摩，並問自己：「怎麼調整才能製造出更好的效果？」彷彿自己就是這齣電影的導演。之後他又花費整個夏天的時間，去認識各個導演、編劇、剪輯、燈光師等電影從業人員，知名的人對他毫不搭理，他只好從小牌的開始親近，並在交談的過程中觀察、發想電影製作的靈感。

就這樣在電影圈學習了幾年的時間，直到二十歲那年，他終於成為正式的電影工作者。他在一家製片廠放映一部他所製作的片子，順利簽訂一紙七年的合約——那便是他實踐夢想的開端。之後，他在電影圈果然大放異彩，變得家喻戶曉，知名的明星紛紛想參演他所執導的電影。

史蒂芬·史匹柏明白機遇無故垂青是不可能的，於是他勤奮地去追求與創造。聰明的人善於抓住機會，更聰明的人則善於創造機會；機會是被勤奮的人積極開鑿出來的，正如史蒂芬·史匹柏在電影圈裡從零到有的嶄露頭角，正是他結合熱情、勤奮與智慧以及實際行動而獲得的。

人們常說機遇難求，因此不懈努力、千方百計地去尋找機遇、創造機遇，希望借助恰好的機遇為自己鋪路架橋，以便順利且迅速地實現人生目標。然而，大多數人都犯著這樣一個錯誤：只關注那些表面的、醒目的、未來的東西，對身邊一些潛在的、隱蔽的、細微的事物卻置若罔聞，無動於衷。可謂機遇就在眼前，卻視而不見；成功近在咫尺，卻如隔天涯。

因此，不要老抱怨沒有好的機會降臨在你身上，不要總想著獵物會直接跑到你面前。成功的機會無處不在，關鍵在於你能否緊緊抓牢，聰明的人能從一件小事中得到大啟示，進而有所感悟，將其化作成功的機會；而愚笨的人即使你將機會放在他面前也不自知，就這樣讓機會逝去。

無論個人還是企業，要想有所成長，就必須抓住機會馬上行動，不要讓事情停留在「如果」的階段。展開行動，使「如果」創造價值，唯有如此，才能讓自己在行動中不斷成長，讓公司在實踐中不斷茁壯。

##  機遇＝遇見貴人

2010至2013年間，我曾在全球第五大半導體公司擔任台灣分公司的副總裁。因此，我想跟大家分享如何在三十六歲成為外商副總裁的經驗及方法。

我之所以能做上這個職位其實源自於某次機遇。某天，我過去任職公司的副總在臉書上告訴我，他某日要上來台北（他住台中），想約我見面敘敘舊。碰面後閒聊，我才知道原來他早已被迫從原本的外商公司提前退休近兩年了。

而他前同事是某知名半導體亞洲區的高階主管，這位主管想提供他一個工作機會。我當時也沒想太多，就毫無設限地和他聊了一些開發市場、客戶見解的話題，因此讓他有了些方向跟想法。而他去新公司後沒多久的時間，也把我找進去，要我擔任台灣分公司業務的高階主管，一年半後我就升任台灣分公司副總裁。

其實告訴你這個故事，我只是想表達：「我們都要對身邊每個人好一點。」因為你不知道哪個人在哪一天，會成為改變你命運的人。

我們經常聽到一些職場成功者在分享經驗時，都會感謝身邊很多的貴人相助；當然也常聽到一些失敗者抱怨，覺得懷才不遇，總是遇不到貴人，運氣有夠差。

為什麼會有這樣的差別呢？其實貴人就在你身邊，但他不會憑空出現。我們每天會碰到形形色色、各式各樣的人，但如果你不願意跟人溝通交流，怎麼會有貴人願意幫助你？縱使你才高八斗，但如果不願意放低身

段與人相處，別人怎麼會知道你何時需要幫助？

人生三大悲哀：遇到良師不學；遇到良友不交；遇到良機不抓。請堅持不懈地把握成功的事業與環境，做對事贏一局，跟對人贏一生。

貴人要你主動創造因緣才會出現，也許是因為你的態度，你的努力，或是你的用心，讓原本擦肩而過的人願意回過頭來幫你，不一定是金錢，也許是寶貴的資訊；也許是有用的知識；也許是一句金玉良言，你的人生就此改寫。

而我認為有三種人一輩子都遇不到貴人：

### 1 懶惰的人

不喜歡主動與人互動，嘴巴也不甜，怎麼會有貴人相助？

### 2 沒企圖心的人

沉迷眼前安逸的日子，不想改變現狀，貴人又何必出手相助？

### 3 性格不討喜的人

有些人學經歷一把罩，但個性偏執，不夠圓融，不懂得察言觀色，也不容易獲得貴人相助。

遠離以上三種性格的人，將自己的個性調整好，貴人自然就在你身邊了。跟對貴人不瞎忙，他是替你理順思路的人；是給你明確方向的人；是修正你的人；是扶你上馬送你一程的人；是陪你獲得勝利並為你吶喊歡呼的人。那又有哪些人可能會是我們身邊的貴人呢？

- 激勵你讓你看到自己優點的人。
- 提醒你讓你看清自己不足的人。
- 幫你理清生活工作思緒的人。
- 介紹成功朋友給你認識的人。
- 相信你、教導你向上成長的人。
- 欣賞你、維護你且與你志趣相投的人。
- 給你正能量帶去輕鬆快樂的人。
- 能提供學習機會成長平台的人。

巴菲特（Warren Buffett）曾在一次訪談中說道：「我認為我是幸運的，因為我有很多親密的朋友，每年定期見面；當你有知心的朋友時，你絕不會感到不快樂。」在教育孩子的時候，巴菲特也經常強調：「尊重朋友，善待朋友」正因為身為投資大師，所以他明白財富不是一生的朋友，但朋友絕對是一生的財富。正如愛因斯坦（Albert Einstein）所說：「世間最美好的東西，莫過於有幾位頭腦和心地都很正直的朋友。」美國著名人際關係大師卡內基（Dale Carnegie）也說：「一個人的成功，專業知識占15%，而其餘的85%則取決於人際關係。」人際關係也就是我們常說的人脈，它正是一個人通往財富、成功的入門票。

徐靜蕾和章子怡、周迅、趙薇被人稱為四小花旦，她畢業於北京電影學院表演系，是中國女演員、導演，因為她自導自演的電影以及部落格的點擊率在中國大陸都長期排名第一，因此有著中國影視圈才女的稱號。她在 2007 年創辦《開啦》網路電子雜誌（現已停刊），在電影《杜拉拉升職記》的演出中，更是大秀書法，因其字體清冽而優雅，甚至被開發出字形檔，名為「方正靜蕾簡體」。

她的星路和同一時期的女明星非常不同，這一點可以從她廣布的人脈看出來。徐靜蕾在電影學院念書的時候，就結交了著名作家王朔，而王朔的交友圈裡則有劉震雲、梁左、馮小剛等知名人物，這些人不管在娛樂圈或是文學圈，都有著舉足輕重的地位。但徐靜蕾並沒有透過他們的幫助進軍娛樂圈，她選擇不斷提升自己，薰陶文學氣息，靠自己闖蕩影視圈；再加上她天資聰慧，成功替自己博得了中國影視圈才女之稱。而在她第一部協助執導的電影《我和爸爸》中，由另一導演葉大鷹身兼主角，知名製作人張亞東也在劇裡客串一把，因而讓她認識很多朋友，且這些人都是導演、製作人，有方興東、老潘這種在專業領域出類拔萃的，更有像韓寒這樣的「少年作家」。她因為自己的努力，再加上廣布的人脈關係，使得星路走得越來越遠、越來越廣。

物以類聚，人與群分，你的一生中要影響別人，不然就是被人影響。請記住，跟誰交朋友，他就可能改變你的一生，變成跟他們同樣的生活。

有人總結說：「對於一個人來說，二十歲到三十歲，靠專業、體力在賺錢；三十歲到四十歲，則靠朋友、關係在賺錢；四十歲到五十歲，變成靠錢賺錢。」可知在一生的成就裡，人脈始終佔據著重要的地位；一個人是否能成功，除了靠自己的努力外，更重要的是你認識些什麼人。

清朝有名商人——胡雪巖，他不僅喜歡幫助別人，更喜歡結交朋友，而且不管是怎麼樣人的人都可以和他成為好朋友，好像他和別人沒有任何隔閡，和誰都有緣一樣。但胡雪巖的朋友大多數還是在生意上認識的，以利益為中心，為了個人或者大家的利益而在一起合作；且他所認為的「為朋友著想」就是站在別人的角度思考問題，考慮對方的利益，而協助對方。

當胡雪巖的阜康錢莊開業時，他為贏得更多的朋友，擴展更廣闊的人脈，他自行給當地的官太太、小姐都各自存了二十兩銀子，就連時任巡撫僕人的劉二也得到相同的待遇。當劉二拿到存摺後，馬上就在錢莊裡存了一百八十兩，更向好友羅尚德介紹胡雪巖。當時胡尚德是綠營裡的一名小官，他省吃儉用，存有一萬多兩銀子，因此，當他聽聞胡雪巖為人義氣後，連夜趕到錢莊想要存款，甚至不要利息、不要存摺都可以。長久下來，胡雪巖因錢莊認識了更多的朋友，可謂是廣布人脈。

後來，像浙江藩司麟桂、京城官員寶森、漕幫尤五，甚至連湘軍將領左宗棠都成了胡雪巖的朋友。因此，胡雪巖想不成功都難，一下子便獲得朝廷賜封「紅頂商人」一稱。

胡雪巖一生當中都在經營人脈，而豐厚的人脈資源使他獲得成功。一個人的朋友若是多，他做任何事都會感到遊刃有餘，才能為自己的事業開拓寬廣的成功道路；反之，一個人若沒有朋友，他定會處處碰壁。廣布人脈是成功的利器，經營人脈資源，學會處理人際關係，不僅能替自己雪中送炭，且在貴人的幫助下，人生更有可能錦上添花。

踏入社會多年，並研究了那麼多成功案例後，我深深體會到人脈的多寡、厚薄，對一個人的發展有很大的影響力。所以，當面對未來感到無助時，如果周遭欠缺可以提攜你的貴人，或在重要時刻，能幫助自己的朋友實在不多，那你就要開始自省與深思，是否自己平日對人脈的經營與投入不夠，試著找出關鍵在哪裡，並致力將其改善，改變自己的人生。

經營人脈雖是老生常談，卻往往是左右結果的樞紐。哈佛小子林書豪（Jeremy Lin）的機會，就是他的「豪人緣」所帶來的，在總教練丹東尼提拔他之前，戰友「甜瓜」安東尼就已在教練面前推薦他，所以在尼克隊面臨危機之時，丹東尼才決定讓林書豪上場。中鋒錢德勒也說：「那些不看好林書豪與安東尼共存的專家少胡說八道了，現在我們有非常優秀的控球後衛，等安東尼回來，我們將更有威脅性。」

想想，說不定你周遭也有人能在某件事上助你一臂之力。我們習慣把人貼上標籤，就像在外國人眼裡，林書豪是美籍華人，看起來就不太會打球但現實卻出乎意料之外。試著問自己，你是否對一些人產生偏見？你會不會重蹈勇士隊或火箭隊的覆轍，讓貴人或人才從你手中溜走呢？

只要投資心力在周遭的人身上，一旦建立信任感，即使是不經意的噓寒問暖，總有一天，都可能獲得無以計數的回報。

在任何時代，人脈的重要性都不容小覷。正所謂「朋友多了，路平坦好走。」所以，記得在日常交際中，多交朋友，替自己廣布人脈。有人說：「判斷一個人的魅力，只要看他朋友的多寡；判斷一個人的能力，只要看他人脈的盛衰。」當然，創建人脈資源並不容易，因為要獲得人一時的好感很容易，但要永久獲得他的支持卻很難。所以，在日常生活中，要用心經營自己的人脈關係，這樣未來的道路才能走得更寬廣、更順暢。

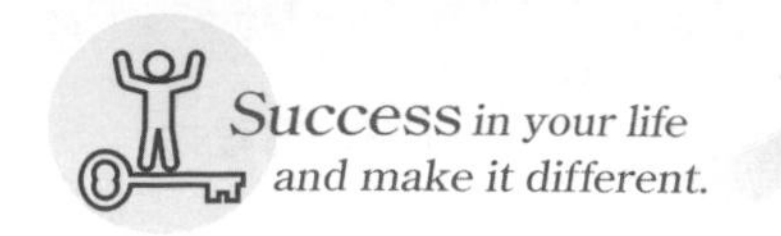


# 1-5 個性：決定你的命運

「我們不必羨慕他人的才能，也不須悲嘆自己的平庸；各人都有他的個性魅力。最重要的，就是認識自己的個性，而加以發展。」

——松下幸之助

## 個性是能決定成功的關鍵

人的成功，不是在才華，而是在個性。如今進入社會，看得人越多，感受就益發地強烈——人生的成敗不是決之於聰明才智，而是個性。當然，不是說聰明才智不重要，而是它並不是決定勝敗的關鍵。

我一直相信，態度決定想法，想法決定行為，行為則養成習慣，習慣再養成個性，個性便決定著命運。每個人都有不同的命運，而這一切皆來自於個性，個性影響態度；態度產生個人的行為；個人的行為就會影響機緣；而不同的機緣便決定了自己的命運。例如有的人因為不服輸，其努力程度必定是超越常人，又由於不願受人控制，於是自己開公司創業。

那什麼是個性呢？個性是人們「持續」、「穩定」的心理和行為特質。

有的人軟弱；有的人強硬；有的人急性子；有的人溫吞吞；有的人遇難而退；有的人則愈挫愈勇……歷史上，劉邦與項羽的帝王爭奪戰，就不僅是一場鬥智與鬥武的戰爭，也印證了「個性決定成敗」的不朽定律。

在個性上，項羽遇到突如其來的大事，他當下的反應定是怒氣沖天，殘暴莽撞就是他的做事風格；至於劉邦，他是遇到突如其來的大事，便立刻問身邊的人：「怎麼辦？」一同商量，充分表現出集思廣益，謀定而後動的性格。劉邦的成功在於其胸懷大度，能屈能伸，善於任用賢才，也樂於厚賞功臣；項羽則敗於好逞匹夫之勇、優柔寡斷、婦人之仁，既不能善用人才，又不能與人同利，常常當斷不斷，反受其亂，以致功敗垂成。

不妨想想自己身邊那些表現出色的同學或朋友們，他們除了擁有優秀的專業能力外，是否還具備了圓融的個性與柔性的待人處世方式呢？又或者，他們可能沒有特別聰明或是更有能力，但因為個性的關係，讓自己身段柔軟，進而產生親和力，建立起強大的人脈網絡，而這些人脈網絡使他在職場上的機會比他人來的多，當然就有與他人不同的命運。

成功的人，勤勞又積極，他們通常肯多花時間去瞭解和評估他即將要進行的工作或計畫，並評斷這個工作是否值得投入，而成功的機會自然永遠屬於這樣的人。

失敗的人則懶散又被動，當有賺錢的商機擺在他們面前，這些人不願意去瞭解和評估，只會用自己的想法推測那是騙人的，不會去觀察、求證或懶得花費心力去開始新的方案，殊不知自己就是把機會往外推的元兇。

一個人的個性是經年累月，由許許多多的習慣所養成；因此，要改變一個人的個性，就要從改變習慣做起。如果一個人想要改變自己的命運，去獲得愛、成功或幸福，就要改變他的個性，而要改變個性，就得從改變壞習慣開始；但改變經年累月養成的習慣並不容易，所以最好的辦法就是培養一個新習慣。

美國心理學巨擘威廉．詹姆斯（William James）曾說：「播下一種習慣，收穫一種性格；播下一種性格，收穫一種命運。」在現實生活中，許多人知識匱乏，能力不足，碌碌無為，有的人甚至步入歧途，但這是為什麼呢？其實，原因很簡單，因為他們不能自覺、持續地學習。有的人從來不把學習當作樂趣，而是把學習視為一種負擔；有的人說起學習來頭頭是道，但卻缺少實際行動。他們不學習的原因並不是「學習枯燥乏味」、「太忙沒時間」，而在於他們沒有養成良好的學習習慣。

海倫．凱勒（Helen Adams Keller）是美國著名的生命鬥士，她在一歲半時因罹患急性腦充血病，而成為一名盲聾人士。後來，在蘇利文老師的悉心教導下，憑著自己不肯放棄的毅力，學習了數學、自然、法語、德語，以優異的成績考取了哈佛大學女子學院。她更完成了十四部著作，將自己的一生奉獻給盲人福利和教育界；個性和習慣造就了她的成功，而知識則豐富了她的人生。

##  培養積極主動的習慣

個性的積極性與主動也會決定自己在職場上的機會，法蘭克．范德里普（Frank Arthur Vanderlip）是美國最著名、最能幹的銀行家之一。很多年以前，他受聘到紐約城市銀行（City bank of New York，現為花

旗銀行）工作。他因為能力很強，所以薪酬一開始就比別人高，且他的業績也很好，因此極度被公司看重。

之後，公司給他一間獨立的辦公室，配有豪華紅木辦公桌，桌上還有一個按鈕，可呼叫門外的秘書。到辦公室的第一天，沒有任何工作送到他的桌上，第二天、第三天和第四天也是一樣，沒有任何工作，沒有人進來找他，也沒有人跟他談事情，他為此感到非常不安。

於是，范德里普先生來到總裁辦公室，對他說：「你支付我很高的薪水卻什麼也沒讓我做，這令我感到很不安。」總裁聞言抬起頭，目光中閃過一絲興奮的光芒。

「當我坐在那裡無所事事時，我一直在思考，」范德里普接著說，「思考一項增加銀行業務的計畫。」

總裁認為他的進行「思考」和「計畫」對公司可能是有益的，於是要求他繼續說下去。范德里普先生說：「我想到一個計畫，這個計畫將結合我過去在債券業務方面的經驗，為銀行帶來利潤。我建議另外設立一個債券部門，並搭配廣告宣傳來擴展業務。」

「什麼？替銀行做廣告？」總裁提出了疑問：「公司自開業以來從來沒有做過廣告，而且就算不做廣告，我們也經營得很好。」

「那麼，我們就現在開始做廣告。」范德里普先生說：「我們要做的第一個廣告就是我計畫設立的這個債券部。」

最後，范德里普贏了，凡是積極行動的人通常都會贏——這正是他們突出的特點。而紐約城市銀行也贏了，因為這次的談話促使紐約城市銀行著手金融業最先進、最有效益的廣告宣傳，並使其成為美國最大的金融機構之一。

范德里普先生隨著銀行一同成長，最終成為這家銀行的總裁。成功不會主動向你走來，你要做的是讓自己變得主動積極，拓展你的個性，改變你的作為，並將它變成一種習慣，主動向成功靠近。

##  拒絕優柔寡斷

世界上許多的不幸和失敗都是因為意志薄弱和優柔寡斷所致——也就是缺乏勇氣。

人們也許知道什麼是對的，但就是缺乏勇氣去實踐，請求別人幫你做決斷，但這不僅無益，反而有害。通常我們會過度依賴、信任他人，因而直接聽取對方的忠告和意見，卻沒有傾聽自己內心的想法，並加以思考。但若想獲得真正的成功（包括滿足、平靜和歡樂）就要懂得傾聽自己的需要，就算在萬分緊急時刻，也要靠自己的勇氣做出決定。

無論在日常生活中，還是在商場上，實際行動遠比長篇大論來得強。不敢有個人的意見；不敢形成個人觀點的人；對自己的想法沒有信心的人，必定是一個懦夫。而沒有自己的觀點、意見的人則必定是一個懶漢；不能獨自做出決斷的人必定是一個笨蛋。

通常，一些懸而未決的問題可能會影響你的工作，使你在自由支配的寶貴時間裡變得心不在焉。但關鍵不在於你是否有問題要解決，而是它們在一個月或一年前是否就已出現過？如果有些問題是長期以來一直未獲改善或解決的，那麼，請你仔細想想，它們究竟已消耗了你多少時間和精

力？優柔寡斷對我們沒有絲毫益處。那些對世界最有影響力的人，與其說他們天資聰穎是天才，不如說天才是信仰堅定、孜孜不倦、辛勤工作的人，因為他們的性格造就了一切。

情緒上常處於優柔寡斷、疑慮狀態的人，其性格往往顯得被動、拘謹、依賴，缺乏獨立性和創造性，總是循規蹈矩、因循守舊。要知道，機會是稍縱即逝的，不能覆得。因此，當機會來臨時，你得做好準備，必須當機立斷，不可遲疑不決。或許你有時會拿不定主意，若遇上這種狀況，你可以縮小選擇範圍，從而迅速地做出決定；養成果斷、乾脆，可以讓你在生活的其他方面受益匪淺。

那麼，到底什麼樣的性格才能促使你擁有自己的一片天呢？沒有一位成功者不具備堅持到底的決心；而經營企業，也不是一朝一夕的事，所謂不經一番寒徹骨，怎得梅花撲鼻香，沒有任何一間公司在創業初期能一帆風順，若沒有堅持到底的決心，勢必半途而廢。騰訊在創業初期，馬化騰差一點就將騰訊 QQ 賣掉，原因很簡單，用戶量快速的成長，但沒有合適的盈利模式，伺服器成本又是一筆巨大的開銷，而這龐大的開銷足以使一間公司因為財務問題而垮掉。但馬化騰最終堅持下來，沒有賣掉 QQ，並將 QQ 繼續經營下去，之後更開發出微信，成為公司的聚寶盆。他們堅持了這麼多年，打敗了眾多競爭多手，這裡面包括強大的 MSN，最後屹立於即時通訊市場之巔。若沒有堅持到底的性格特徵，馬化騰會有今天嗎？公司又會像現在發展得如此壯大嗎？

楊潤丹是美國楊氏設計公司的總裁，她同時也是一位資深的室內設計師；早年，她畢業於紐約大學的室內設計系，後來在美國密西根大學獲得碩士學位。她已從事設計工作三十年了，在工作中，她宣導創造高品質的生活，並將不同的潮流設計帶入到室內外的設計中。因此，她所建立的品牌不斷發展壯大，得到了越來越多人的支援與認可，可說是業界的指標性人物。

楊潤丹是一位優雅恬淡的女子：細柔的言語、恬淡的笑容。但其實她並不是一位柔弱的女子，在她的骨子裡有著一份比男人更堅韌、執著的傲骨；受到傳統思想的影響，一個女人想要成事真的很難，她們付出的往往比男人更多，迴響卻不見得好。楊潤丹說：「我並不想做一位女強人，也不喜歡別人這樣稱呼我。在中國，大部分的女性都很優秀，我只是找到了自己想要去堅持和努力的信仰，並憑著那份堅韌與執著一步一步走下去而已。」

早年，楊潤丹隨著父親第一次踏上中國，後來，由於設計工作便常常往返於中國與美國之間。隨著對中國日漸熟悉，心有志向的她決定在中國成立建設公司。剛開始創業的時候，她白天做設計，晚上到工地視察、指導、學習，回憶那段辛苦的日子，她說：「我一個女孩子在北京發展，也沒有任何熟識的人，起初賠光了很多錢，好幾次都想放棄，回美國不再來了。那時我還生病，但我一想到有這麼員工跟著你，人家願意在我這裡工作就是相信我；所以，我告訴自己只能成功，不能後退。」

楊潤丹，是一位耐心與耐力並行的女子，她心中那份認真與執著，為其成功奠定了紮實的基礎。

問她成功的秘訣，楊潤丹坦言：「耐性是楊氏在中國成功的秘訣。」而堅忍執著的女子，從不缺乏耐性與耐力。其實，做人與做事有著異曲同工之妙，要做成一件事情，必然要經歷挫折與困難，若你不夠堅韌，缺乏執著的精神，那事情肯定不會成功；做人也是一樣的道理，保持內心的堅韌與執著，唯有耐心與耐力並行，不斷修煉自己的性格，你才能成為新世代的成功女性。

擁有像海一樣的胸懷才能包容天下，有容乃大，而肚量大，正是一名成功者必備的優秀特質。

清朝大學士張英在鄉下的家人因土地問題而與鄰居發生爭執，但都是祖上基業，所以兩家人互不相讓，一度告到官府，縣衙由於雙方家世顯赫不敢隨意定奪。因此，張家人只好傳書到京城向張英求救，他寫了一首詩：「一紙書來只為牆，讓他三尺又何妨。長城萬里今猶在，不見當年秦始皇。」家人收到回覆後，豁然開亮，退讓三尺；鄰居見狀，深受感動，也讓出三尺，形成一條六尺寬的巷子，而這就是著名的「六尺巷」，張英豁達的胸襟從此被廣為流傳，這種優秀的品格也被人們所推崇。張英可說是寬容豁達的典範，是真正的成功者，唯有胸懷天下，才能造就成功。

人的個性當然也影響著他所選擇的工作，也決定著他在這份工作是否可以做出一番事業來，譬如在人力資源領域工作的人，如果除了擁有人力資源的專業知識與能力之外，同時也具備了圓融與包容的個性的話，那在與員工溝通和執行政策上，會更如魚得水。

Part 2

# 成功心法（雙心雙子心）

雙心　自信心跟決心

雙子　愛民如子跟赤子之心

Success
in your life
and make it different.

# 2-1 自信心，提升自我價值

「除了人格以外，人生最大的損失，莫過於失掉自信心了。」

——培爾辛

## 信心能戰勝一切

人們常說：「你永遠是信任自己的最後一人，當全世界都沒有人信任你的時候，至少還有你信任自己。」列寧也說過：「自信是邁向成功的第一步。」因此，在與人交往的過程中，我們通常也願意相信那些信心十足的人，因為他們散發出來的態度是積極向上的，而這也證明了「人不自信誰信你」的道理。在競爭激烈的時代，如何才能成功，如何讓別人看到自己的光芒？最起碼，要從相信自己開始做起……

在走向成功的路上，我們可以缺乏任何東西，唯獨不可缺少「信心」。信心可以讓人有效地克服六種可能產生的畏懼心理——對貧窮的畏懼；對疾病的畏懼；對衰老的畏懼；對批評的畏懼；對失去愛人的畏懼；對死亡的畏懼。

美國作家愛默生（Ralph Waldo Emerson）說過：「自信是成功的第一秘訣。」自信可謂是成功的重要精神支柱，沒有自信，除了無法獲得成功外，以某種程度上來說，甚至是對生命的褻瀆。若你沒有自信，認為自己任何事都做不成，那你活著還有什麼意義呢？上帝賦予你生命，讓你存於這世上，就一定有其存在的理由，但這個理由要靠你自己尋找；人生，本就沒有什麼意義，所以你要替自己的人生找出不同的意義。因此，人生若想要成功，就必須要有自信，要充滿「天生我材必有用」的信心和鬥志。自信在任何事情上都是不可或缺的，請看下列一組數據：

據美國紡織品零售商協會一項調查研究指出，一開始的努力若沒有成功，幾乎能讓一半的業務員放棄繼續努力。

- 48%的業務員找過 1 個人之後不做了
- 25%的業務員找過 2 個人之後不做了
- 15%的業務員找過 3 個人之後不做了
- 12%的業務員找過 3 個人之後持續進行下去，而 80%的生意都是由這些業務員做成的。

銷售代表訓練之父耶魯馬·雷達曼說：「銷售就是從被拒絕開始的！」若你不能平心靜氣地接受客戶的拒絕，就永遠不可能學會推銷。曾有人做過一項有趣的調查，調查美國、日本、韓國和巴西四個國家的業務員在三十分鐘的銷售過程當中，客戶或潛在客戶說「不」的次數，也就是業務員遭到拒絕的次數：日本人是兩次；美國人五次；韓國人七次；巴西人最多，共四十二次。

因此，不管做任何事，你都要記住「自信是成功的第一秘訣」，而「不放棄」，意味著我們對自己有信心，對所做的事有信心。

##  告訴世界你可以，自信越強，成功機率越大

戴高樂將軍曾說：「眼睛所看到的地方，就是你將到達的地方，唯有偉大的人才能成就偉大的事。而他們之所以偉大，就是因為他們下定決心要做出偉大的事。」舉凡所有成功者，都具備著一個共同的特質，那就是對自己充滿信心，每一次的成功都會讓他們樹立起更多的自信心，成功機會越多，自信心就越強。因此，成功的首要秘訣就是自信心，如果連你都不相信自己，那別人怎麼可能相信你呢？

自信是一種魅力，是一種勇氣，是一種氣質，更是一種美；若沒有自信，就沒有自己。而自信是成功的一半，《聖經》上說：「你們若有信心，就沒有一件事是不可能的。」信心能創造奇蹟、戰勝一切。

很多事情的成敗在於你的一念之間，人生旅程中，常有人會告訴我們：「你認為你行，但其實你不行」或「你絕對做不到的」之類的話，而我們往往信以為真，致使喪失自信，走向低谷。人要勇敢地做自己的主人，因為真正能主宰命運的人，不是別人就是自己；世上沒有什麼做不到的事情，重點在於你是否對自己充滿十足的信心。每個人都有著潛能，未來皆掌握在自己手中，一切只等你付諸行動，為自己實現每項「不可能的

任務」。而下面故事中的小男孩之所以會成功，就是因為他堅定了自己的信心。

有一名叫湯姆．鄧蒲賽的小男孩，他生下來時只有半截右腳和一隻畸形的右手。他的父母親時常告訴他：「湯姆，其他人能做的事情你也都能做。你沒有任何輸別人的地方，他們可以做的，你一樣也能做到！」

後來，湯姆去學習踢橄欖球，他發現自己比其他男孩踢得要遠多了。為了實現成為橄欖球員的夢想，並發揮出自己的才能，他特地為自己訂做了一雙鞋子。

他參加了踢球測驗，成功獲得一份衝鋒隊的合約。但沒想到，教練卻婉轉地告訴他：「你不具備成為職業橄欖球員的條件，去試試其他的活動吧！」他轉而申請進入新紐奧良聖徒隊，請求對方給他一次機會，教練看他自信滿滿的樣子，就抱著嘗試的態度而錄取他。兩星期後，教練對他的印象完全改觀，湯姆在一次友誼賽中踢出了五十五碼遠的好成績讓球隊順利得分，因而替自己爭取到了專門為球隊開球的工作，且在正式比賽中，聖徒隊更因為他獲得了九十九分。

而他一生中最偉大的時刻，過沒多久便到來，那天球場上坐滿了六萬多名觀眾。球在二十八碼線上，比賽時間只剩下幾分鐘，球隊已把球推進到三十五碼線上，但根本就沒有時間了。

「湯姆，進場踢球！」教練大聲地喊道。當湯姆進場的時候，他知道這一球距離得分線有五十五碼遠，也就是說他要踢出六十三碼遠才行。在正式比賽中踢得最遠的記錄是由巴爾迪摩雄馬隊的畢特．瑞奇查踢出來的，但也才五十五碼。在場上，湯姆閉上眼對自己說道：「我一定可以！」只見他用盡全力奮力一踢，球瞬間筆直前進，但踢得夠遠嗎？六萬多名的觀眾屏息以待，然後看見遠方得分線上的裁判舉起雙手，表示得了三分，球在球門橫桿上幾寸的位置越過，湯姆他們以十九比十七分些微地差距獲勝；現場球迷瘋狂喊叫，為這史上最遠的一球而興奮歡呼，不分敵我。

「真讓人難以相信！」有人大聲叫道，而且這還是由只有半隻右腳和一隻畸形手的球員踢出來的！當湯姆聽到這句話時，微微一笑，因為他想起他的父母，如果不是他們一直告訴他：「你什麼都能做，你跟其他人一樣。」他無法締造出如此了不起的成績，也正如他告訴自己的：「我一定可以！我從來不知道有什麼不能做的，也沒人這樣告訴過我！」

愛迪生（Thomas Edison）說：「如果我們能做出所有我們想做的事情，我們絕對會對自己大吃一驚。」你一生中有沒有為自己的潛能大吃一驚過呢？事實上，我們都比自己所認為得要優秀得多，只要對自己的能力抱持著肯定的想法，就能發揮出超越自我的力量，產生最有效的行動、最好的結果。

因此，我們要建立起自信心，經常與自己比較，用今天的你與昨天的自己相比；將現在的你與過去的自己比較，這樣你才能看到自己的成果，看到自己的成長，並不斷地提高自己的自信心。

而每個人的生活背景都大不相同，不同的成長經歷，不同的生活內容；所以你沒有必要拿自己與別人比較。且年輕人走出校門，進入社會就是去磨練的，所以要具備吃苦的精神，若沒有吃苦的精神便很難磨練出優秀的人才。

如果我們能認同並相信自己能更進一步，那成功的可能性就更大。信心可說是一種心境，有信心的人不會在遭遇困難的瞬間，變得意志消沉、沮喪；而沒有信心的人，在遭逢不順或逆境時，則會先否定自我能力，因而放棄成功的機會。

所以，很多時候，擊敗你的並非是外在的環境，而是你自己的心。如果你被自己打敗，那麼縱使別人提供再多的協助，都是徒勞無功；若一個人對生活充滿信心，所有難題都能迎刃而解，因為信心是解決問題最有力的武器。

## 堅定成功的信念，相信自己也可以締造奇蹟

有位偉人說過：「人在任何時候都不應該喪失信心，只要事情還在持續進行，成功就不是幻影。」

我們應該秉持堅定的信念，相信自己總有一天會邁向成功。只要我們每天都為了實現目標，堅持不懈地努力奮鬥，信念可以幫助我們克服重重困難、跨越種種阻礙，促使我們積極行動。如果一個人對成功的信念不夠堅定，那麼他就會在逆境面前畏首畏尾，難以抵達成功的彼岸。

愛默生（Emerson）曾說：「認為自己能勝利的人必獲得勝利；而在面對害怕時，擁有自信的人會讓恐懼都消失。」有些人並不認同信念所帶來的力量，甚至覺得有點無稽，然而信念正是足以啟動或消磨一個人行動的能量。

巴菲特（Warren Buffett）從小就夢想著自己能成為富翁，最後他也真的夢想成真了。而在現實生活中，其實我們任何人也都可以做到，因為信心能讓你堅信自己一定能成功，它能開啟守衛生命源泉的大門；唯有借助信心，你才能發掘出自己體內強大的力量。很多時候，你的人生是輝煌還是平庸，是偉大還是渺小，都與你的信心成正比，息息相關。

乞丐坐在一間畫家工作室對面的馬路上。透過窗戶，畫家為這位屈服於生活的壓力，在靈魂的深處透出絕望的乞丐畫了一幅臉部肖像素描。他不侷限於實際樣貌，而是透過自己的想法，將他的樣貌做了些微調整。他在乞丐原先渾濁的眼中加上幾筆，讓雙眸迸現出追求夢想時的神色光彩；他用線條拉緊了這名乞丐臉上鬆弛的肌肉，使之看上去充滿鋼鐵般的意志和堅定的決心。當作品完成後，他把那位窮困潦倒的乞丐叫了進來，讓他看那幅畫。但乞丐並沒有認出畫上的人就是自己，他問畫家：「這是誰？」畫家笑而不語。

接著乞丐看著看著，覺得畫中的人和自己似乎有幾分相像，猶豫著問道：「這是我嗎？畫中的人是我嗎？」

「是的，這就是我眼中的你。」畫家回答道。

乞丐挺直了腰杆，說：「如果這是您眼中的那個人，那他就是將來的我。」而他的眼中瞬間充滿著光輝，如同那畫像一般。

無論你曾遭遇多少坎坷，無論你現在的處境有多麼艱難，也無論你所在的公司正面臨什麼樣的困境，你都要相信：度過這些艱難坎坷之後，你和公司會蛻變得更加成熟，絕對不要往回看，壯麗的風景永遠在前頭。你們正在逆境中一步步成長，你們的未來會是一片光明，只要努力過好每個今天，你和公司就會迎向更美好的明天。那麼，我們又應該如何建立起自信呢？

## 1 忽視障礙的難度

對於正在經歷或預期面臨的難題，盡可能把它想像得稍微可親。缺乏自信的人往往都是因為將問題想得過分困難，以至於還沒開始行動，信念就已先磨去了一大半。

## 2 客觀評估自己的能力

客觀地認識自己，意思就是不要只看到自己的優點，也要看到自己的缺點，並客觀地給予評價。要做到這一點，除了對自己的評價外，還要注意身邊的人，以獲取關於自己的資訊；而這些人可以是我們的父母，也可以是我們的朋友、同事，這樣我們才能客觀的形成對自我的認識。

然後再列出自己的優勢和長處，並將它的程度提高百分之十，比方說你的英文能力只能應付中級的考試，那便告訴自己就算是中高級的程度一樣也能搞定。就像在寫推薦信或毛遂自薦那樣，不斷地「吹捧」自己，相信自己可以達到更高的境界。

經常把自己浸潤在正面積極的氣氛，用堅定的信念為自己充電，你會發現做任何事都充滿幹勁；信心有多大，世界就有多廣，不要用自卑把自己限縮在窄狹的窠臼裡瑟縮不前。如果你認為自己會失敗，還未上場就先舉白旗，那你就真的失敗了；但如果你對成功的欲望，就像對空氣的欲望那樣強烈的話，你幾乎已成功一大半！

### 3 不要過度景仰別人

視優秀的夥伴為榜樣是極好的態度，但如果你過分仰望他人的話，你的高度反而會越來越低，最後連自己都看不見自己。

### 4 每天說些自我鼓勵的話

習慣消極的人或許會認為說這些話很彆扭，甚至毫無作用，所以一開始會有些勉強，但久而久之，你就會覺得說這些話時充滿朝氣和信心。

### 5 正面地接納自己

接納自己的優點，而容不下自己的缺點，是很多人都會犯的錯誤。一個人應該先自我接納，才能被他人所接納。且真正的自我接納，是要接受所有的好與壞、成功與失敗；不妄自菲薄，也不妄自尊大，不卑不亢，如此才能健康地發展自己，逐步走向成功。

有信心的人，他們遇事不畏縮、不恐懼，即使內心隱隱不安，也能勇敢地超越自我；有信心的人，他們渾身上下充滿了活力，能解決任何問題，凡事全力以赴，最終成為最偉大的勝利者。

# 2-2 決心，讓你不輕言放棄

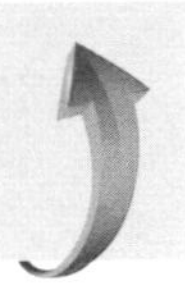

「人，一旦確立了自己的目標，就不應再動搖與之奮鬥的決心。」

——達文西 Leonardo da Vinci

## 決心是造就成功的基石

我們都有著屹立不搖的信念，因此只要相信自己辦得到的，那就一定可以做到，決心遠比自己所設想的還要強大。決心可以在背後支撐著我們，使我們得以讓生活更充實，享受更美好的時光；決心能讓我們不斷地學習、持續進步，造就不一樣的未來。追求自己的夢想，必定是最美好的事；從古至今，每位古人都因懷抱著遠大的夢想及目標，而下定決心，努力實現自我。直到今天，這仍是成功的準則，所以擁有決心，我們絕對可以表現得更好，達成更多目標。對某些人來說，他們的目標可能是在各個領域中，都能有突出的表現，並保持卓越；對另一些人來說，目標則意味著要在極少數、甚至單一領域上追求巔峰，成就不一樣的自己。作家奧格．

曼迪諾（Og Mandino）曾說：「失敗永遠不會趕上我，如果我成功的決心夠強烈。」因此，只要謹記決心是一切成功的基石，必將擁有最好的成果。

「夢想」是成功者的起跑線，「決心」則是起跑時的槍聲，「行動」猶如跑者全力的奔馳，唯有堅持到最後一秒，才能獲得成功的錦標。

西元前一世紀，羅馬的凱薩大帝（Julius Caesar）率領其軍隊進攻英格蘭。凱薩雖然充滿了必勝的信心，但他仍要號召將士與自己共同浴血奮戰。試想，他到底該怎麼做呢？

在所有將士抵達英格蘭後，他先命令手下將所有搭乘的船隻聚攏在一起，然後點火將船燒了，而船隻就在大家的驚愕下被全部燒毀。在漫天火光中，凱薩登上一處高地，大聲地說：「現在，所有的船隻都已被燒掉。也就是說，除非我們打敗敵人，否則絕無退路！」

將士們明白這一戰勢在必得，失敗就意味著死亡。因此，各個士兵奮勇作戰，最終獲得了勝利。每位士兵抱持「破釜沉舟」的決心，才能決戰致勝，同樣地，不給自己留退路，才能鼓足勇氣全力實現自己的目標。

實際生活中有許多人期望上進，但卻意志薄弱，沒有堅忍的決心和破釜沉舟般的信念，一遇挫折就停滯退縮，最後終遭失敗。一旦下了決心，就不要替自己留後路，要竭盡所能全力地勇往直前；這樣，即使遇到再大的困難，你也不會退縮。如果抱著「不達目的，誓不甘休」的決心，就能開發自己最大的潛能排除萬難、爭取勝利，將那些猶豫、膽怯等消極情緒全部趕走；在勇於挑戰勁敵的決心下，成功之神將對你微笑。

1796 年的一天，在德國哥廷根大學，十九歲的高斯吃完晚飯後，開始做每天例行的三道數學題。高斯很快就把前面兩題做完，這時，他看到第三題：只用圓規和一把沒有刻度的直尺，畫出一個正十七邊形。高斯不知該如何是好，他絞盡腦汁、不斷思索，時間很快就過去了，這題還是一點進展都沒有。但這反而激起他的鬥志，他下定決心一定要把它解出來！他拿起了圓規和直尺，一邊思考一邊在紙上畫著，試著推敲出答案。

天快亮了，高斯深呼了一口氣，因為他終於解出了這道難題。見到老師，高斯有點內疚：「您出的第三道題目，我用了整整一晚的時間，辜負了您對我的栽培……」老師拿到作業，當場愣住了，他用顫抖的聲音對高斯說：「這是你自己做出來的嗎？」高斯有點疑惑：「是的，但我花了整整一晚的時間。」老師激動地說：「你知道嗎？你解開了一道兩千多年來的數學難題，阿基米德沒有解決，牛頓也沒有解決，而你竟然花一個晚上就解出來了，你才是真正的天才！」

原來，老師誤把這道難題交給了高斯，每當他回想起這一幕時，總說：「如果當時有人告訴我，這是道兩千多年歷史的數學難題，我想我可能永遠也沒有信心將它解出來。」

我們應該永遠記住一句話：你比自己想像中更優秀。因為我們每個人所擁有的潛能都是無極限的，我們所展現出來的只是九牛一毛，還有更多的能力等待我們去挖掘、開發。相信自己，多給自己一份肯定，你永遠比想像中優秀一點，這樣才能成功地挖掘出自己的潛在價值，使自己變得更優秀。

如果你堅持不懈地往前走，哪怕一次只走一小步，日積月累，你也會走過千山萬水。堅持不懈地往前走就是要忘記後退的道路，只有那些不給自己留後路的人才能往前邁進。

不給自己留後路確實需要勇氣，不過冒險有時反而才能得到出乎意料的報酬，不留後路才能激發自己全身的能量，激發自己披荊斬棘持續前行的本事。

不要妄想任何不勞而獲的事情發生在自己身上，成功絕不會無緣無故就出現在任何人面前。無論你選擇哪條道路，都免不了遇到艱難坎坷，如果每逢遇到困難就望而生畏，想回頭尋找一塊救命浮木，那你永遠也到不了彼岸；如果總想著預留後路，那麼你在前進的同時就不會竭盡全力，遲早得回到起點。

這兩個「如果」一旦都在你身上應驗，那你就永遠無法在征服困難的過程中使自己更加堅毅，成功將永遠與你錯身而過。無論是個人的成長還是公司的進步，都不希望產生這樣的「如果」，公司希望員工心中懷有的是更積極的「如果」，譬如：如果我克服眼前的困難，那我就能步上新的台階；如果我堅持完成這項任務，那公司就能獲得更高的利潤；如果我忘記後退的道路，那我就能義無反顧，勇往直前。

一個人如果下定決心做成某件事，那麼，他就可以憑著堅忍不拔的意志，跨越前進道路上的重重障礙，讓成功具備切實可靠的保證。

美國汽車大王亨利·福特（Henry Ford）年輕的時候，曾在一家電燈公司當工人。一天，他突發奇想，要設計一種新型的發動機，他把想法告訴了妻子，善解人意的妻子很支持，並鼓勵他說：「天下無難事，你就試試吧！」說完，她就把家裡的舊棚子整理出來，作為福特研製發動機的場所。

福特每天下班回家，就窩在裡面進行發動機的研究。且當時正逢寒冬，舊棚子裡感覺特別冷冽，把他的手凍得發紫，牙齒冷得格格作響，在夜晚聽得格外清楚。但他咬牙堅持了下來，默默地說：「發動機的研究已有了初步頭緒，再堅持下去一定能成功。」

三年後，原先這個異想天開的東西在福特堅忍不拔的決心下誕生了。1893 年，福特和他的妻子乘坐在一輛沒有馬的「馬車」，搖搖晃晃地駛在大街上。從那天開始，汽車這項交通工具不斷地改良創新，對整個世界產生深遠影響。

如果換了別人的話，經過短暫的努力之後也許就會感到萬分疲倦，而半途而廢。其實，人的精力絕不僅止於此，只要多努力一點，就可以獲得更多的能量，就像汽車的油門，只要我們用力踩下去，便會產生巨大的衝力。如果我們多督促自己一些，多堅持一段時間，就會發現自己藏著無限的潛力；只要我們堅持，一定會得到令人滿意地成果。

## 要做，就做最好

「從你所在的地方開始」意即，就從今天開始起步向前走，這意味著，一旦你朝成功邁出了一步，為此付出特別的努力，就不要停下來。它意味著你要站起來，找出最短的路徑走向成功的未來；它也意味著你要一

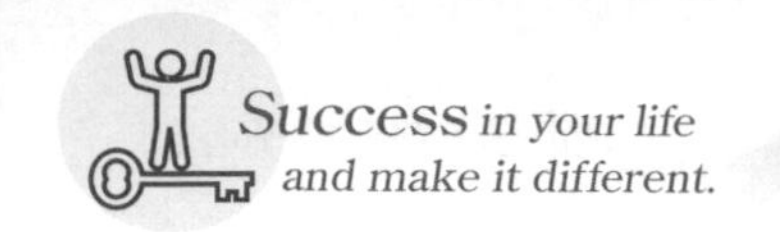


直不停地走下去；它還意味著你要完全放棄你原本「跟其他人一樣」的滿足感；它更意味著你將超越原來的自己，「要做就做最好」。

每個人絕對都有讓自己變得更完美的能力，但這絕不是透過幻想就能實現。每個人體內都蘊藏著未被發掘的潛力，只是尚未將能力完全發揮出來；唯有透過對自身無休止地探索，你才能發現自己從未使用過的能量和未發揮出來的能力。每當你完成一件工作時，就應做一番反省，問問自己，這是你所能做到的最好成績嗎？如何能做得更好？何不現在就讓自己更進一步？接受挑戰，永不滿足，你會發現自己各項能力都在一點一點地提升。在老闆給你設定一個標準時，你就要替自己設定一個更高的標準，要認為別人將你的能力估計得太低了，其實你不只這樣而已。邁向成功道路最大的滿足就是自己從不會感到滿足，並為此採取相應的行動和措施，將該做的事情做到最好。

有位非常優秀的業務員專門負責區域的定點銷售，且總能保持極高的銷售紀錄。當人們問及他是如何做到這一點的時候，他總回答：「一旦我被分配到一個城市，我就完全放開自己。」當然，他所指的是，每當他到達一個地區時，不完成工作目標就絕不會離開，直到他與每一位可能的潛在客戶都談過話為止。如果每位業務員在每天開始工作的時候都能下定決心，那麼就沒有任何事情能夠阻止他，因為他堅守一個信念——將事情做到最好。

每個人都有做到最好的能力，只不過，大部分的人都鬆懈了對自己的要求，因為努力和改變是一件累人的事情。我們要明白，現今是一個萬物日益發展的時代，如果我們不能嚴格要求自己，努力提升自我，終將被時代所遺棄。「世上永遠拒絕變化的只有兩種人：一種是傻瓜，另一種是死人。」這句話對極了！既然我們已經選擇去做，那為什麼不想辦法做到最好呢？但這是一件很弔詭的事情，每個人都說不出個所以然；因此，只要下定決心，那就放手一搏吧！盡自己最大的努力將所有的事情做好，你的人生由自己主宰。

## 堅持和決心，方能無往不利

作為平凡的人，我們每個人都害怕失敗，渴望成功，於是，在執行自己的目標與想法前，都會產生各種顧慮、遲疑不定，而實際上，正是因為遲疑，才導致我們恐懼、左思右想，最終被恐懼擾亂心境而不敢執行。在任何一個領域裡，不努力行動的人，就不可能獲得成功。

洛克斐勒（Rockefeller）曾說過：「一旦害怕失敗變成你做事的動機，你就等於走上了怠惰無力的路。」世上沒有任何事情比下決心、立即行動更為重要，更有效果。

因此，如果你想讓自己充滿勇氣地執行，追逐內心的夢想，那麼，就別把勝敗看的太重要，放下失敗的顧慮吧。

洛克斐勒剛從學校畢業時，立志要進入一家大公司，因為他認為在大公司工作可以學到更多做事的方法，眼界也會變得寬廣；於是，他開始了辛苦的找工作歷程。他來到一家銀行，但不幸的是，他被拒絕了；接著，他又去了一家鐵路公司，但仍然被拒絕。那是一段難熬

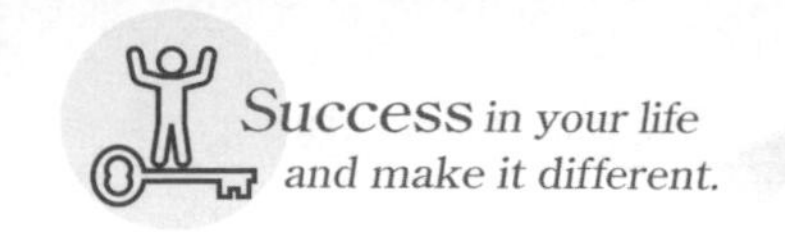


的日子，而且天氣又熱，但他還是堅持下去，不停地找工作，每天的生活內容就是找工作，他在一星期內把所有列入名單的公司都找遍了，但毫無進展。

在外人看來，這是一件非常糟糕的事，但洛克斐勒卻告訴自己，沒人能阻止我前進，阻礙前進最大的敵人就是自己，你是唯一能永久做下去的人。如果你不想讓別人偷走你的夢想，那就在被挫折擊倒後馬上站起來。

洛克斐勒沒有沮喪、氣餒，儘管接二連三的被打擊，他仍堅定著自己努力的決心。因此，他又從頭來過，一家一家地跑，有些公司甚至面試了好幾次，他也不在乎。終於，皇天不負有心人，這場漫長的求職旅程終於在一個半月後結束了。

1855 年 9 月 26 日，他被休伊特．塔特爾公司雇用。且洛克斐勒還把 9 月 26 日當做「重生日」來慶祝，他對這一天的情感遠勝過自己的生日。

行動固然重要，但堅持更為重要。在追夢的過程中，永遠都不要放棄心中的希望，如果遇到困難，就把困難當成人生的考驗，不要在困難面前茫然退縮，更別因為不知所措而迷失自己；要滿懷希望地為自己的夢想努力，相信終有一天，你會走出低谷，走向光明。現實是美好的，但也是殘酷的，關鍵在於你如何面對困難，是否具有韌性，能否堅持到底。

成功人士他們並不是在行動前就解決、預測了所有問題，而是遭遇困難時能想出辦法克服，因為我們怎樣也買不到萬無一失的保險。遇到問題時，不要總是瞻前顧後，你要下定決心去解決它，毫不猶豫地去落實，只有這樣，才有成功的可能。

美式足球教練喬治・艾倫說：「有時候能力平庸的人越能達到顯著的成功，因為他們不知道該何時放棄；而大多數的人之所以會成功，就是因為他們下定了決心。」中國探險家余純順在臨行羅布波前曾說：「我也許真的會失敗，但我不能放棄這個夢想，就算失敗，我也要當失敗的英雄。」而此行他真的失敗了，熱衰竭結束了他的人生，但正如他所說的，他是位失敗的英雄，儘管沒有成功，他也永留青史。夢想是我們未來的目標，是我們不懈奮鬥的動力；在這個世界上，我們身在何處並不重要，重要的是我們該朝著什麼樣的方向前進，一旦放棄了夢想，就意味著放棄了前進的方向。

很多時候我們因為沒有辦法預見明天會發生什麼，所以無法充滿信心，堅持不懈地走下去；又由於前方的路不明，導致我們的目標不清楚，以至於茫然失措。但是，有了信念就有希望，當信念的燈塔照亮了前方的路，我們就能找到那條路；只有找到目標，我們才有可能獲得成功。人一旦有了決心，就能克服種種困難，獲得勝利，得到人們的尊重、景仰。所以，有決心的人必定是最終的勝利者；只有堅毅不變的決心，才能增強信心，充分發揮才智，造就偉大的成功。

# 2-3 愛民如子

「愛，就從照顧那些家裡最親近的人開始。」

——德蕾莎修女 Mother Teresa

##  愛民如子德澤天下的漢文帝

愛民如子，古時用來稱讚統治者愛護百姓，就像愛護自己的子女一樣。最早出自於《禮記．中庸》：「子，庶民也。」以及漢．劉向《新序．雜事一》：「良君將賞善而除民患，愛民如子，蓋之如天，容之若地。」

而漢文帝就是中國史上，以仁德著稱、愛民如子的皇帝之一，他即位不久，就遍施恩德。在文帝二年十一、十二月間，有兩次日食發生。文帝說：「天生萬民，為他們設置君主來治理他們。如果君主缺乏德義，施行政令不夠公平，上天就會顯現災象以此警戒。在十一月發生日食，這代表上天在譴責我，還有比這更嚴重的嗎？我以渺小的身軀承擔天下，對下

不僅不能養育好眾生，對上又損害日月星辰，我實在是太失德了。你們想想我犯了什麼過失，我要能舉薦賢良正直和直言勸諫的人，以匡正我的過失；官吏們則要減輕傜役費用來便利民眾。」

從上述可以得知漢文帝確實是一位仁心寬厚的君王，而他善待臣子的例子多不計數，從下列幾個實證中，可以更瞭解他為百姓做出的德政。

## 1 不以苛政對待百姓

漢文帝說：「農業，是天下的根本。應當開闢田地，而我要親自耕作，以便提供宗廟祭祀所需的糧食。任何政務都沒有農業更重要，現在農民辛辛苦苦的勞動，還要負擔各種租稅，這樣根本無法鼓勵人們務農，所以應該免除田地的租稅。」

## 2 廣納諫言，不分階級

漢文帝虛己受人，他說：「古人治理天下的時候，在朝廷設有旌旗，百姓可以站在它的下面向朝廷進言；還設有可以刻寫對朝廷批評意見的誹謗木。而這些設置，是為了招來勸諫的臣民，可現在的法律有誹謗罪，使臣民們不敢直言，導致君主無法聽到批評意見；所以應該廢除這樣的法律條文，從今以後，如果有人觸犯了這條法令，不得治罪。」

## 3 就事論事，不以偏概全

對於已行之有年的「相互連坐」這條律法，漢文帝認為很不合理。他說：「如果法律公正，那百姓就會誠實；治罪恰當，百姓就會服法。況

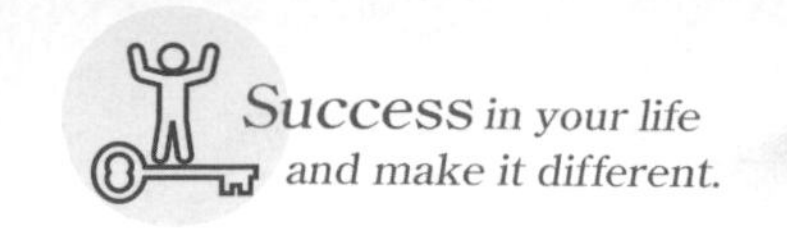


且，治理百姓，引導他們向善，本就是官吏的責任。如果官吏們不能教導他們向善，又拿不出正當的法律規範他們，這反而是在坑害我的子民，迫使他們去行兇。」於是漢朝廢除了連坐的律令。

## 4 以天下教化為己任

齊國太倉公淳於公犯罪當受刑，因而被押送長安。他的小女兒緹縈隨從父親來到長安，上書皇上，情願成為官奴來贖抵父親的罪過。文帝因悲憐其女，下詔說：「我聽說在舜帝的時候，讓罪犯穿戴畫有特別花紋和顏色的衣帽來羞辱他們，民眾便不再犯法，這是因為當時有最好的政治局面。可如今，律法有好幾種刑罰，卻不能遏止犯罪，而這其中的過失在哪裡？這是因為我的德行淺薄，教化不當，我非常慚愧。所以，訓導的方法不當，就會使百姓更加愚昧，以致於犯罪。而如今有人犯了過錯，非但沒有進行教化，還對他們施行刑罰，即使他們想要改行善道，也沒有機會。我非常可憐他們，我們的刑罰太重，竟有斷人肢體、毀其髮膚、使人終生無法復原，這是多麼痛不欲生的做法，是多麼不講恩德呀！這樣怎麼能為民父母呢？應當廢除處刑。」

## 5 廣濟救民，以自身為表率

有一年，天下大旱，遭遇蝗災。文帝下令諸侯，不必向朝廷進貢；撤銷山澤禁令，以便利民；還儉省各種服飾、車駕和馬隻，減少官員的名額；打開糧倉廣布救濟貧民。

文帝亦減低自己的嗜好和私慾，不謀求私利，在位期間二十三年，宮室、苑囿、衣服、車駕一點都沒有增加。他曾想建築露臺，召來工匠做預算後，發現所需費用竟達一百斤黃金。文帝說：「百斤黃金，相當於十家平民的家產，建築露臺做什麼！」

且文帝衣著簡樸，經常穿著粗厚的衣服，以示敦厚儉樸，為天下人做表率。不修築高大的墓塚，治辦霸陵的隨葬品都只用瓦器，目地是節省錢財，避免擾民。

### 6 以百姓為優先考量

匈奴長年在邊境為害，殺死不少官員和百姓，且長時間的征戰，對各國都沒好處。文帝為此憂心不安，多次派遣使者向匈奴王單于議和，實施和親政策，與匈奴結成兄弟關係，以保全天下的純樸百姓。

但匈奴人時常背約而入侵，文帝卻只允許漢軍防守，不得發兵深入討伐，怕因此而煩擾百姓。

文帝致力於用恩惠德義來教化民眾，所以海內富裕，禮義盛行，開創了「文景之治」的盛世輝煌，是愛民如子最佳的代表人物。

## 關愛與同理心相輔相成

愛民如子在古代侷限於君對子民，但「愛」其實不應該有所區別，因此要對周遭的人都釋出友愛，不管是你的家人、朋友，亦或是陌生人，你都可以給予關愛，讓愛的種子散佈各個角落，間接影響、感染其他人，讓世界充滿大同。

就好比說，如果世界是一間小屋，關愛就是屋中的一扇窗，是一個對外的出口；如果世界是一艘船，那關愛就是浩瀚的大海上的一盞明燈，指引那些困難的人。被人關愛是一種美好的享受，關愛他人則是一種高尚美好的品德。

我們需要別人的關愛，別人同樣需要我們的關愛，只要細心觀察，你就會發現身邊有許許多多的人需要關愛。

有一隻蠍子掉入了水中。一個人看到想去救牠，便將兩根手指伸下去。蠍子螫了他一下。那個人猶豫片刻，再次將援助之手伸向那隻蠍子。蠍子又螫了他一下。第三次，那個人毫不猶豫地再次將手伸了下去，於是蠍子得救了。

螫人是蠍子的天性，而愛是人類的天性。在生活中，我們也許會遇到類似的情況，當我們熱情地想去幫助某個有困難的人時，卻遭到他斷然拒絕。那聲冷冰冰的「不，謝謝」飄進耳朵的時候，你會有什麼樣的感受呢？失望？惱怒？還是認為白白浪費了你的愛？

還有這樣一個故事：一名街頭賣藝者，其琴聲悠揚，令人感動，吸引了不少行人。拉完一曲，周圍的人紛紛朝錢罐裡丟錢以示認同，沒多久，錢已裝滿了罐子，但賣藝人臉上並沒有一點兒欣喜的笑容。後來，一位旅人抬起手來為他鼓掌，賣藝者眼裡溢出了感激的淚水。原來這位賣藝者想尋求的是知音，期待的是掌聲。

人生需要掌聲，掌聲比恩賜比金錢更為重要。當你失落喪氣時，你希望有人給你勇氣；當你猶豫彷徨時，你希望有人給你理解；當你精神窮困時，你希望給你熱烈的掌聲；而當你沮喪時，你希望有人給予你關愛，一些的支持。

是的，我們不斷地在等待著，祈求著愛心的降臨，但我們更時時刻刻尋找著知音，尋找著精神世界的同路人。只有這樣，我們才不至於絕望，像那位賣藝人一樣流出感激的淚水。沒有掌聲的演出是可怕的，有誰受得了死一般的寂靜；沒有掌聲的人生是可悲的，有誰願意在壓抑中生存。人生缺少了掌聲，只會剩下英雄垂淚、七子悲歌的結局。正如當年的屈原，世人皆濁唯他獨清，世人皆醉唯他獨醒，有心報國卻無力回天，沒有掌聲沒有理解只有漁夫的歎息，使他熄滅希望之火，生命之燈。

而在愛護、關懷他人之前，你要懂得先富有同理心，設身處地的為他人著想，站在對方立場設身處地思考；即在人際交往過程中，能體會別人的情緒和想法、理解他人的立場和感受，並站在他人的角度思考和處理問題。唯有同理心，你才能在面臨問題時，能同等的思考，使結果更臻完善，讓自己獲得眾人的喝采，使自己的內心獲得滿足，從而為自己的成功感到驕傲。那又該如何具備同理心呢？

## 1 將心比心

能將當事人換成自己，設身處地去感受和體諒他人，並以此作為處理工作中人際關係、解決溝通問題的基礎。

## 2 感覺敏銳度

具備較高的體察自我和他人的情緒、感受的能力，能透過表情、語氣和肢體等非言語信息，準確判斷和體認他人的情緒與情感狀態。

## 3 同理心溝通

聽到說者想說，說到聽者想聽。

## 4 同理心處事

以對方有興趣的方式，做對方認為重要的事情。

「同理心」在心理學領域中是相當近代的研究，有別於古典心理學派的研究，而是屬於人本心理學的研究範疇，研究對象是對於處於社會活動中的人中，其經驗感受、價值觀與等各種內在成因；例如象徵利他精神的「互助」與「友愛」表現，以及反應自我學習能力的「創造」與「自我實現」的精神。

美國人本主義心理學者卡爾·羅傑斯（Carl Rogers）在 1957 年時提出人「整體經驗」的重要性，這些「經驗」除了反應一個人的各種外顯行為，更傳達了他們各種內在的心理活動。而這些心理活動除了「價值觀」以外，還包含了「想法」、「意圖」與「目標」等層面。

有一名精神病人，認為自己是一朵蘑菇，於是他每天都撐著一把傘，蹲在病房牆角，不吃不喝，像真正的蘑菇一樣，心理醫生想了一個辦法。一天，這位心理醫生也撐了一把傘，蹲坐在了病人的旁邊，病人覺得奇怪地問：「你是誰呀？」

醫生回答：「我也是蘑菇呀！」

病人點點頭，繼續當他的蘑菇。過了一會，醫生站了起來，在房間裡走來走去，病人就問他：「你不是蘑菇嗎？怎麼可以走來走去？」

醫生回答說：「蘑菇當然可以走來走去。」

病人覺得有道理，也站起來走動。又過了一會，醫生拿出一個漢堡開始吃，病人又問：「咦，你不是蘑菇嗎？怎麼可以吃東西呢？」

醫生理直氣壯地回答：「蘑菇當然也可以吃東西呀。」病人覺得好像有點道理，於是也開始吃東西。

同理心也是一種與人溝通交流的心理技術，它的目的是溝通一方，採取「先處理心情，再處理事情的方式」以最快的速度與另一方達成共識，並最終將問題處理好。

「己所不欲，勿施於人；己所欲之，亦勿迫人欲。」正如銷售大師吉拉德（Joe Girard）說：「當你認為別人的感受和你自己的一樣重要時，氣氛才會融洽」。

一般來說，同理心具有以下四種特徵：接受觀點；不予評論；識別他人情緒；與其自然交流。

妻子正在廚房炒菜。丈夫在她旁邊嘮叨不停道：「倒慢一點、小心！你這火太大了，趕快把魚翻過來呀！你看，你這油又放太多了！」

妻子脫口而出：「我知道如何炒菜，你別在這指手畫腳的。」

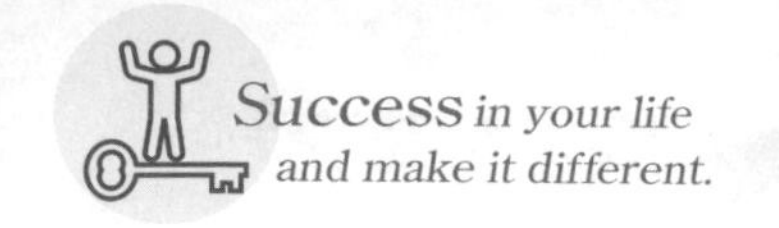


丈夫平靜地回答道：「我只是要讓妳知道，我在開車時，別人在旁邊喋喋不休的感覺。」

而「同理心」與「同情心」又不相同，常常會有人誤認為自己飽含同情心，為他人的處境感到可憐，因此自己就是有同理心的人，但心理學家戈爾曼（Goleman）指出：「同情心是指對別人的遭遇感到同情，但並不一定能體會到和別人一樣的感受；同理心則起源於一種對他人困擾的身體模仿，透過模仿引發相同的感受。」

為什麼「同理心」這麼難做到呢？原因可能有四個：

## 1 他人關注的減少

人天生是自我的，以自己為中心點，所以自我可說是一種本能，認為替別人考慮可能會影響到自己的資源或優勢，進而冷漠以待。且當今社會人際關係之間的互動冷漠，每個人過著各自的生活，因此這在某種程度上大大減少了關注他人的必要性。

## 2 資訊儲備的差異

資訊和知識基礎的不同，增加了替對方設想的難度。例如，你沒有過對方的經歷，自然很難揣測對方的心理認知過程，更不可能以相同角度替對方設想。

## 3 環境的理解差異

人與人之間所處的位置、角色、知識背景、認知技能不同，即使是相同的環境，每個人的價值觀、想法也會大有相同。

## 4 思考技能的缺乏

沒有認識到「同理心」的重要性，自然也就不會有意識地訓練「換位思考」的能力，因此缺乏相應的技能。

同理心與關懷兩者之間是相輔相成的，它就像是情緒的導引系統，協助我們在人與人的關係上可以有更深一層的互動；而採取關愛的行動可以增進彼此關係的深度。因此，不妨試著沈靜思考，該如何將同理心運用在周遭的生活上。

# 2-4 赤子之心

「善良的行為有一種好處，就是使人的靈魂變得高尚，並且使他可以做出更美好的行為。」

——盧梭 Rousseau

##  莫忘初衷，永保赤子之心

赤子指得就是初生的嬰兒，而赤子之心則是指人心地純潔善良。最早出處於《孟子．離婁下》：「大人者，不失其赤子之心者也。」

孟子對人性秉持著善的看法，雖然孟子推崇的「性善論」並沒有直接且清楚地聲稱「人性」本善，「性善」可能是指人性中抱著善性，以及具有向善的一面。居禮夫人（Madame Curie）也曾說：「偉人永遠是單純而良善的。」因此，在我看來，「赤子之心」還有一個更深層的涵意——莫忘初衷。

在我們每個人的人生故事裡，都藏著一個微小的自己，他會為了一

些事情而執著、堅持，有著各式的理由刺激著我們做出人生的選擇，讓我們二話不說的向前進；當然，也有可能是選擇中途放棄。

我們往往都習慣將別人所說的話，不假思索地接收進腦袋中，導致在前進的路途上，因為各種內外在因素影響，而忘了自己最初選擇的原因是什麼？直到有一天，我們開始審視自己，才發現，多年來孜孜矻矻所追求的東西，全然不是我們真正想要的，初心已在路程中被我們拋到腦後，消失得無影無蹤。最後，只好因為路已走一半，而繼續走下去。

人出了社會之後，很容易被周遭形形色色的事物所影響，因而迷失自我；正因為如此，初衷才顯得可貴，它代表著我們對人生的期許以及目的。在工作時，我也遇過很多的困難跟挑戰，甚至想過要放棄。但夜深人靜時，我會對自己喊話：「我當初為什麼選擇這個？」我告訴自己，我是為了實現當年的夢想；所以，我要找回當年做出這個選擇的熱情，持續勇往直前，努力奔跑。不管如何，我都要用心捍衛這個決定，不管這條路上的反饋是好是壞，我都要接受，並迎擊各種打擊和砥礪。

要努力，但不要著急，凡事都應該有過程，別讓你所想的成功，反阻擋了你；經歷各種人生風景，面對突如其來的事件，也要能優雅穩重的處理。但這樣的表現下，不代表心中那抹純真就此消失，成熟與世故的一線之隔，在於你是否仍保有赤子般單純之心。真正的成熟指得是自信不自傲，堅持不固執，我們這一生，或許會錯看許多人，遇過許多背叛，也曾以為只要付出就一定會有回報，到頭來卻把自己弄得狼狽不堪。但沒關係，那些都無法將你打倒，只要死不了，你都還能重新站起來，決定權在你手上，其實你沒有想像中那麼脆弱。很多人都會把成熟理解成世故，但

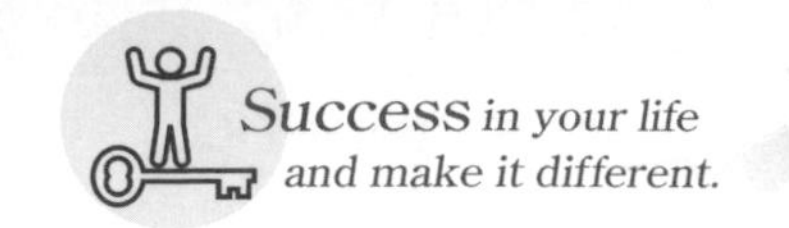


對我來說，真正的成熟是當你看清了現實世界，遇見了許多黑暗糟糕的事情後，依然能保存你內心那個最初的自己。

你懂了這世界的規則，因而在面對往後更多的黑暗時，能選擇了不去傷害，懂得保護內心最真實的自己。你內心的寬容和善良，正是面對這生活最成熟的力量；忠於內心，你才能活得漂亮。

世界很大，人心很複雜，這些我們都知道，也都經歷過；但請相信這世界上還有很多人和你一樣，看穿了一些人後仍選擇善良。而那些遭遇傷害後選擇去傷害別人，選擇變得冷漠的人，生活並不會因此過得更好。善良是種選擇，永遠有人更險惡，所以不如好好的做回原本的自己，看透後仍選擇善良，我相信一定比墮落更強。

因此，我所認為的人生觀中，所有人都應該要永保五歲，讓自己處於幼兒階段，用善良的心，來看待這世上所有的人、事、物。在面臨困難時，堅持著走下去，不被社會的黑暗、混沌所染濁；堅守自我，並常保赤子之心，將善良當作自己的踏腳石，一步步向上尋找夢想跟目標。

在字典中，善良的解釋：心地端正純潔，沒有壞意邪念。例如：「她有一顆善良的心，總能站在對方的立場替他著想。」善良，不是因為傻，善良，是一種選擇，選擇面對世界的態度；而選擇背後，是相信自己有能力承擔可能的人性風險。而在經歷與面對來自人性的善與惡後，仍然對善良堅持，則是因為享受這份人與人之間那簡單、純樸的良善……

巴菲特（Warren Buffett）曾說：「評價一個人時，應重點考察四項特徵：善良、正直、聰明、能幹。如果不具備前兩項，那後面兩項會害了你。」

常常聽人說：「沒文化，真可怕。」但文化到底是什麼呢？是學歷？是經歷？還是閱歷？答案：都不是。我看到了一個很好的解釋，說「文化」可以用四句話來解讀：

- **根植於內心的「修養」。**
- **無需提醒的「自覺」。**
- **以約束為前提的「自由」。**
- **為別人著想的「善良」。**

先前在開車時無意間在廣播電台聽到這句話：「大人者，不失其赤子之心者也。」這是孟子的名言，意思是真正成熟有德行的人，即使功成名就、位高權重，仍能保持孩童般純潔、為善的心靈。

之前念書時雖然唸過這一句，但當時還不能體會箇中真正的含意，如今經過人生的淬鍊，已能深深體會保有赤子之心的難能可貴。在我離開校園甫進入社會時，無論在工作或生活上都持續累積著經驗與知識，喪失赤子之心看似是一個人的心智轉為成熟的過程，但其實也是在自己的心房架設自我保護與隔離的防禦機制。

若正面解讀，這可以是因為我們要求生存，進而產生這樣的轉變，因為世界實在太危險，一不留神就會踏入別人設下的陷阱，非鬥個你死我活，勝負揭曉才行。倘若從反面來思考，則更發人深省，會產生這樣的改變，是因為內心的真實感受被壓抑在深處，在處處設防的情況下因而聽不到好的建議，因此錯過了好的機會，將真正替你著想的人向外推，甚至是失去他們。

仔細回想一下——

你有多久沒有敞開心胸好好的跟朋友大聊一場？

你有多久沒有拋開利益算計跟同事全心全意地完成一項工作？

如果這些感覺離你越來越遙遠，那你可能要試著釋放被你禁錮許久的那顆赤子之心。

保有赤子之心代表心中無偏見，能接納各種建議與聲音，不會因為預設立場而做出錯誤決策。格局大，自然成就的事業也大；心胸寬，自然人生能過得更圓滿。所以，每個人都應該能常保一顆赤子之心。

用五歲的心，去看待人世間的任何一項人、事、物，你或許就能對蘋果創辦人賈伯斯（Steven Jobs）的理念有著不同的體悟。2005 年，賈伯斯在史丹佛大學畢業典禮上發表演講，在結束前，他送給了現場所有人一句話：「Stay hungry. Stay foolish.」這場演講被廣為流傳，各種中譯版紛紛出現，有些人將這句話翻譯為「求知若飢，虛心若愚。」《Cheers》雜誌則把這句話翻譯為「飢渴求知，虛懷若愚。」但無論如何，我認為這都是錯誤的解讀。

什麼叫 Hungry（飢餓）？美國人不會用 Hungry 來形容對知識的追求與渴求。對他們而言，知識應該是用「Curious（好奇）」這個字；對求知若渴的人，他們叫做「Intellectually curious」或是「Eager to learn」，絕不會是「Intellectually hungry」，甚至是「Hungry to learn」。

用到 Hungry 的時候，所針對的是「成功」，也就是「Hungry for success」。所以賈伯斯所說的「Stay Hungry」，根本不是叫你去求「知」

的意思，他真正想表達的，應該是要你去不停的尋找成功，永遠不知道滿足。為什麼我會這麼說？因為創業者最常犯的錯誤，不外乎是做出沒人要的東西，不然就是太快滿足於初期的成功，開始以為自己是神，感到自滿且驕傲不已，認為自己成功了，殊不知下一步可能就是失敗。

楊致遠就是最好的例子，九〇年代末期雅虎（Yahoo）叱吒風雲，穩佔網路平台龍頭後，他開始陶醉於成功之中，每天打高爾夫球、旅行，結果呢？在逍遙悠閒了十年之後，Yahoo 的市值等於他們現在手中持有的阿里巴巴股票，也就是說這家母公司是一毛不值。為什麼？因為他失去了Hungry。

你可以看看賈伯斯，在他擔任執行長的時間，他宛如一頭飢餓的猛獸，永遠不知道滿足——Mac、iPod、iPhone、iPad，不斷地推陳出新，提出新概念、新想法、新技術，直搗競爭者的心臟。倘若不是因為個人的健康狀況亮起紅燈而逝世，他大概永遠沒有停歇的一天，而這就是Hungry。

什麼叫 Foolish（愚蠢）？美國人也不會用 Foolish 來形容虛心，虛心叫做「Humble」、叫做「Be a good listener」、或是「Be open to new ideas」。而 Fool，根本不是「虛心的人」，Fool 是「笨蛋」的意思。

「You gotta be a fool to believe that will work.（你一定是個白癡才會相信那東西會成功）」是所有的創業者最常聽到的，而賈伯斯想告訴你的，就是別理他們，繼續當你的傻瓜。因為革命若想成功，你就注定要在大家的嘲諷跟不認同中孤獨前行。

所以，記住賈伯斯所謂的「Stay hungry. Stay foolish.」記得一輩子都不要停止戰鬥，唯有這樣你才能堅持下去，繼續研究，繼續開創未來。

##  純潔、善良讓你不會誤入歧途

有一天，有位盲人跟他的導盲犬發生車禍死掉了，盲人和狗一同來到天堂。

不過天堂的守門人卻說：「現在天堂只剩下一個名額，你們當中有一個要去地獄」

盲人一聽到就忙著問：「可以由我決定嗎？我們家的狗又不知道什麼是天堂，什麼是地獄？」

守門人對著這位想上天堂的主人表現得有點鄙視，對他說：「每個靈魂都是平等的，所以你們要比賽決定由誰到天堂。比賽很簡單，就是賽跑而已，誰先抵達入口就可以上天堂。」他接著說：「靈魂速度跟肉體強度無關，越單純善良速度越快，你現在也不再是瞎子了。」話才一說完，盲人果然看得見了，守門人隨即宣布賽跑開始，

結果卻令他很意外，因為那盲人一點也不忙著趕路，慢條斯理的走著，狗也配合著主人的步伐在旁邊慢慢的跟著，根本不肯離開主人身邊，但這就是導盲犬跟主人間的行為模式，牠永遠不會離開主人，永遠在主人的前方守護、引導著。

在盲人跟狗發生車禍時，狗本來是可以閃開的，但牠不能離開盲人，所以才跟主人一起死了。

守門人看到這個情形，心裡不由得悲從中來，不捨地對牠說道：「你主人現在已不是瞎子了，可以不用再領著他走路了，為了他死掉難道還不夠嗎？」守門人繼續說：「他剛剛還想擅自作決定，讓自己

上天堂，把你推入地獄呢！」

守門人用心靈感應對導盲犬訴說著這些話，導盲犬因為第一次跟人類溝通感到十分驚訝，但也不知道該如何做回應。就這樣，一人一狗無視守門人，慢慢地走著，終於抵達了終點。

在終點前，盲人果然如守門人所想，命令那隻狗坐下，正當他用不齒的眼神看著盲人時，盲人說話了：「其實我一開始實在很擔心，因為牠根本不想上天堂，只想一直跟我在一起……所以我才想擅自幫牠做決定，想拜託你讓牠上天堂，不然牠一定會直接跟著我走，跟著我下地獄。」

「但現在能用比賽的方式決定真是太好了，只要我再讓牠往前走一步，牠就可以上天堂了。但……這是我第一次能用自己的眼睛看牠，所以忍不住慢慢走。如果可以的話，真希望可以永遠這樣看著牠，跟著牠走下去。不過天堂到了，那才是牠該去的地方，等我開始墜入地獄後要麻煩你看好牠，因為牠一定會跟著我走」說完這些話，主人便指引狗走向終點。

守門人這時才知道自己的想法有多麼污穢，主人依照比賽規則，在狗到達終點以後，瞬間往下墜，而留在天堂的導盲犬見狀，急急忙忙地追隨主人的腳步而去，滿心懊悔的守門人這才想起主人的吩咐，張開翅膀追了過去，想抓住導盲犬，不過那可是世界上最純潔善良的靈魂，速度遠比天堂所有天使都快。

所以，導盲犬和主人又在一起了，即使是在地獄，牠也要永遠守護著主人。

世界上最珍貴的東西，不是那些別人擁有而你卻得不到的，也不是那些已經失去，令你遺憾至今的；而是你現在擁有的，那才是你真正要珍惜的，不要把心放在那些虛無的東西上，那只是你做過的一場夢，誰都知道，夢醒了，什麼都沒了。如果你想做一個追夢人，那就用自己的努力來證明吧。透過一顆善良的心，讓自己不被輕易影響，進而誤入歧途；擁有一顆純潔、善良的心，才是你最珍寶的寶物。

你可以哭泣，但請不要放棄；你可以跌倒，但不要就坐在原地；你可以失敗，但不要一蹶不振。

成功的路上怎會沒有磕磕絆絆，成功的路上豈會一帆風順？想想，小時候學習走路的時候，誰沒有跌倒過，跌了一下，再爬起來，就這樣嘗試你才學會了走路；而我們追夢的過程，和學習走路又有什麼不同，同樣是在學習，同樣是在追逐。只因你小時候擁有一顆純潔善良的心，永遠積極向上，不會被失敗所擊倒，或是怨天尤人。

把生命中的每一次苦難都當作成長的跳板，只有你真正度過了，才能一步步走向成功，人生的道路還很長，就算成功的路上有再多坎坷，總有一天都會好起來的，不要過度糾結於你的挫折，更不要因此輕言放棄；一點小小的挫折不足以成為你失敗的藉口，告訴自己：「再試一次，我可以」。記得前面所提到的嗎？赤子之心也就是莫忘初衷，只要你秉持著自己最初那夢想、目標，終究能得到成果。

你改變不了這個世界，那就改變你自己，直到這個世界能夠包容你、接納你。永遠記住你是為自己而活，別人說什麼大可不必放在心上，你是你，他們是他們，別被他人那污穢的心靈，影響了你那純淨的心，甚至影響到你的人生。你不是活在別人的陰影下，嘗試走出別人，去做那個真正的自己，相信自己，你是這世界上無與倫比的美麗，做任何事之前，別忘了微笑對自己說：「加油，我可以！」

沒有舞臺，沒有觀眾，不要緊，千萬不要因此打住你的步伐。請記住，你不是為了舞臺那燈光而表演的；也不是為了觀眾的掌聲才存在的，他們都是外在影響你的因素，你要遵守的是你的心，你心中那份不朽的熱愛，那份堅定不移的初衷。只要始終堅持下去，不拋棄、不放棄，總有一天你會看到心中的那份光亮；轉心轉念，你的道路將永遠廣闊無垠，處處都是你發展的舞台。

Part 3

# 新 4+1成功方程式

+1 → 是 抉擇 ，選擇比努力重要

Success
in your life
and make it different.

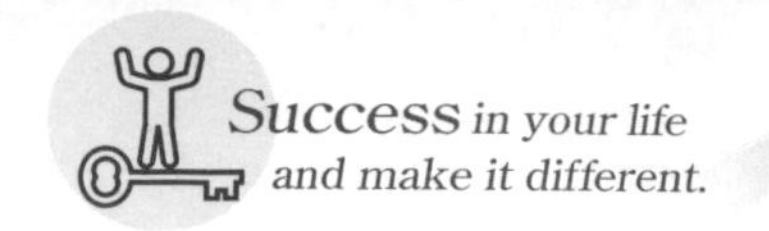


# 3-1 資源整合平台

「你可以拿走我所有的資源，只要留下我的人才，四年之後，我還是會成為鋼鐵大王，還是會成為世界首富。」

——安德魯·卡內基 Andrew Carnegie

## 強大的關係網絡助你走向成功

世界上任何一個資源都有它的用途，只是你沒有發現它而已。整合資源，節約資源，充分利用資源，將是你征服社會最有力的手段。

作為剛畢業的社會新鮮人，到企業求職時，有些面試人員可能會問你一個問題，就是你在某行業是否具有一定程度的社會資源？聰明的人即使沒有社會資源也會說：「有的，有一定的社會資源，而且還可以利用。」過於老實的人則會說沒有；而在同等條件下，公司肯定會錄用前者。

什麼叫社會資源呢？即是透過個人的人際關係可以被使用的資源。當企業在求才的時候，越是重要的職位，對信任的要求就越強烈，如果有熟人介紹就能讓面試人員對你多一分信任。這時候能力就會被視為其次，除非你特別優秀，優秀到讓別人覺得你是不可多得的人才。但這個世界上沒有多少人真如此優秀。

有些大學生在求職的時候，履歷上一片空白，從來沒參加過什麼社會活動，更沒有擔任過什麼社會職務或校內職務……等，當然就不可能有什麼資源，更談不上利用了。所以，大學生其實可以從志工服務和工讀兼職，擴大人際交往範疇，累積你的社會資源。

華人很會賺錢舉世皆知。據悉，華人創辦的數千家企業中，年商品銷售總額突破百億元，且在美國的華人已有數百萬人，光曼哈頓地區就至少有五十六家華人經營的禮品批發商店。而華人購房團的「炒房旋風」更是席捲紐約地產市場……那華人為什麼會成功？因為我們善於利用人脈。

社會網路使得很多華人借助地緣關係和環環相扣的信任，在白手起家時透過彼此之間的借貸，湊得「第一桶金」，且這第一桶金是得之不易的，它必須建立在足夠的信任上。而就是這種社會網路，使得「什麼生意賺錢」、「哪裡有做這種生意的機會」等市場訊息能在華人之間相互傳遞。

可見，一個強大的社會資源網路會帶來很多好處，好處之一就是分享非公開資訊。而華人互相傳遞的資訊就是非公開資訊，這種資訊非常珍貴，必須透過個人交往獲得，他們能提供你一些在公開管道上無法獲得的獨特資訊。比如某個新產品的發佈日期、尚未公開的軟體資訊，或是某個面試人員對應徵者在個人素質上的要求等。所以，非公開資訊能夠替他們帶來比人高明一些或快一步的優勢。

而一個強大的社會資源網路能帶來的第二個好處是，它讓你可以借助他人的力量。

萊納斯・鮑林（Linus C. Pauling）在1954年獲得諾貝爾化學獎，又在1962年獲得諾貝爾和平獎。他被譽為二十世紀最傑出的天才人物之一。他在談論自己取得這些成就的原因時，既不把它們歸功於自己出色的頭腦，也不認為是運氣使然，而是歸功於自己交友廣泛，有強大的社會資源。他認為，個人的成功取決於他能否借用別人的力量來超越自身的侷限；所以，豐富的網路關係有助於你形成對問題更全面、更公正、更有創造性的看法。

看完以上的故事，是不是有所啟發？你還猶豫什麼呢？開始整合你的人脈資源吧。

你可以多參加自我學習等培訓課程，不管是參加教育訓練中的共同學習，還是參加活動，都可以增加與別人互動的機會，不但認識跨產業的學員，還能發掘擁有不同專長的人，豐富自己的人脈圈。

當你個人在打造人脈的時候，一定要以積極的心態與更多的人進行交流和溝通，爭取認識更多的朋友，讓對方更瞭解你的優勢和能力，進而再互相介紹，以獲得更多的人脈資源。並多留心可能成為貴人的人，他們的特徵也許很不明顯，但不要因為這樣就忽視了貴人的存在。

在網路時代，一定要利用好網路工具（FB、個人部落格、LINE、微信朋友圈等），將自己的基本資料、資訊和職業規劃等進行必要的管理，與更多的人進行交流，利用網路通訊軟體認識更多的人，與他們有所連結，為累積更多的人脈資源打下基礎。除了朋友、粉絲外，再加上社群平台的推波助瀾下，價值無限，以前是一傳十，現在是一傳千，朋友所造成的共振效應是無法忽視的。

社群網路的發達，讓失散多年的朋友可以在此相聚、寒暄，用最簡單、最沒有壓力的方式，給予關心與問候。好好經營你的人脈存摺，你的社群平台，只有按讚是不夠的，給予適當的內容回覆才最深入人心。

## 資源整合時代來臨，如何創造「有效」人脈？

正如前面章節提到的，「一個人二十到三十歲時，靠專業、體力賺錢；三十到四十歲時，則靠朋友、關係賺錢；四十到五十歲時，變成靠錢賺錢。」

若想創造「有效」的人脈，那你首先要懂得——借。借助人的力量，但通常不侷限於人，趨勢潮流，萬事萬物，只要能為我所用，都可以借來一用。能不能借，會不會借，關係到你的人生目標和事業宏圖；而借得對，就會大大裨益自己的理想和事業，相反，就會功虧一簣，你的宏圖偉業也會跟著煙消雲散，因此不可不慎。

人生在世，一個人的力量終究有限，想要取得非凡的成就，僅靠一人的微薄力量是不足以撐起整片天空的。如今，做什麼事情都要講究人際關係，一人的成功就是人際關係的成功。

打造自己的人脈，是一個人取得成功的關鍵，因為你不知道自己的人脈之中誰會成為你生命中的「貴人」。這就是「借」的藝術中的借人之力。俗話說：「孤掌難鳴，獨木難支。」就算我們自身能力超群，也不可能永遠無往不利，這需要尋求他人的幫助，借他人之力來方便自己。

十九世紀末二十世紀初，瑞典著名探險家薩拉蒙．安德魯（Salomon Andrew）為了得到北極圈內有關的科學資料，以填補地圖上的空白，因而組隊前進北極探險。

1895 年，經過周密的計算和安排，安德魯正式提出乘飛艇到北極探險的計畫。在此之前，安德魯曾在美國學習有關航空學的全部理論，並製造過飛艇，有關飛行試驗在美國和歐洲都曾引起轟動。但問題是，當時大眾對北極探險不信任也不關心，沒有什麼人願意提供經費，贊助這項活動，而沒有錢，一切都不可能執行。

安德魯只好尋求那些大富豪和大企業家的幫助，但總是吃閉門羹或是被其他各種理由委婉地拒絕。就在安德魯灰心喪氣，打算放棄的時候，有一位好心且爽快的大企業家自動表示願意提供贊助，還對他提出了一個非常重要的建議：「我希望這項冒險計畫能得到人們的關注，如果就這樣悄無聲息地出發，不就削弱了這次探險的意義嗎？」安德魯覺得很有道理，仔細考慮之後，他提出了一個大膽的辦法，就是將自己的探險計畫寫成一篇極其詳細且嚴謹的論文，用大量的數據和資料論證探險計畫的可行性及其意義。然後，安德魯請那位企業家想方設法將這篇文章獻給國王。

經過一番周折，瑞典國王總算看到了安德魯的文章，開始對這個計畫好奇起來，於是把安德魯召來詢問有關探險的具體事宜。

沒想到，國王和安德魯越談越投機，最後，安德魯要求國王象徵性地提供一些贊助的時候，國王毫不猶豫地答應了。

這個消息很快傳開了，不少社會名流和企業家見國王對北極探險產生了興趣，也一窩蜂地跟著「關心」起來，普通民眾更是把北極探險當成茶餘飯後的話題。就這樣，奔赴北極探險的事由原先一人苦苦奔波的事業，轉變為一項社會關注的壯舉，而安德魯也如願以償地籌募到足夠的經費。

一個人要想在事業上有所發展，一是自己付出努力，做出成績，這是基礎；二是要學會借力，借助貴人之力，積極尋找能幫助你的貴人；而這樣的貴人就隱身在你精心打造的人脈當中。千萬不要小覷人脈的力量，以為那沒什麼了不起，認為成就都是由自己努力奮鬥得來的，這樣就大錯特錯了。縱觀古今成就大事者，沒有一位不是得到貴人的幫助，想想劉邦如果不是得到了呂后父親的欣賞，能有日後的鴻圖大展嗎？

現代社會是一個合力共贏的年代，是一個講究聯盟、合作才能勝利的時代，很多大集團之間都有著良好的合作模式，這就足以證明這點。一個人的力量是有限的，任何單打獨鬥的結果都是筋疲力盡且成果甚微，特別是在繁榮發達的大城市，人們的生活壓力很大，有時候別看城市那麼多人，但很多時候我們反而會感到孤獨與無助，所以合作是我們大家的心聲。如果將很多人集中起來，發揮每個人的優勢與特點去做同一樣事情，那複雜的事情都將變得簡單，人類也因為團結與優勢的互補而做出許多偉大的事業，例如把人送上外太空。因此，團體合作所能產生的力量是出乎意料的。

如果你有過人專長，或者你在某行業裡很成功，那是因為這行業就是需要擁有真本事的人才。但如果你沒有什麼過人之處，你了解的是別人也都能掌握的本領的話，那你很快就會被模仿、被替代淘汰；這也是為什麼現在市場上各家企業這麼難經營的原因。

所以，若沒有比別人還厲害的本事，又不想那麼快被模仿並淘汰掉，那就選擇組織團隊，一同合作事業吧。一幫人凝聚在一起，夥伴們有著相同的理念與目標，開發每個人身上的潛能，將各人能力與他們身邊擁有的資源進行一個系統的協調與支配，完成一個系統的工程。若這個系統成功了，其中的每一分子也會成功，就如同一場足球比賽，不是一個人的功勞，而是一個團隊合作的結果。複製一種技能很容易，但複製一個成功的系統與團隊卻不是那麼容易，所以團隊的成功才能比較長久。

不管你是個人，還是企業；不管你有什麼資源，比如人才、資金、產品，還是場地等等資源；又或者你什麼都沒有，要人沒人，要錢沒錢，一無所有，一個人的力量與資源都是有限的。但只要你懂得借力，懂得資源整合，透過有效的整合取得 1＋1＞2 的效果，將有用的資源整合在一起，如此一來你們所有人都賺錢，你也在賺錢。

只要學會了資源整合思維，就能輕而易舉的整合所有你想要的、你沒有的資源。例如，你想組一個團隊，但你卻什麼都沒有，怎麼辦？

很簡單，先想一想你需要哪方面的人才，譬如，你需要懂行銷的人；你需要有產品的人；你需要有銷售經驗的人；你需要處理雜事的人，或是需要懂法律知識的人……等，但如果你什麼都沒有，怎麼辦呢？不要緊，你只要把他們整合在一起，運用你的思維，把產品、銷售人才……等等，整合在一起，組成一個團隊，再依照每位成員他們各自的特長，稍微調整調動，便能將產品賣出去，最後的利潤再各自分成，就大功告成。

這些擁有不同資源的人，當他們單打獨鬥的時候，也什麼都做不成，他們也需要和別人合作，才能做出業績。所以他們也想整合資源，但他們不懂，所以整合不了資源。但如果有人出來想要把他們整合在一起，且這個人的整合主張又非常合理、有誘惑力，能為他帶來價值，說白了就是能讓他們賺到錢，那麼何樂而不為呢？

也許你會說，你找不到那些不同資源的人，這就說明了你沒有那方面的人脈圈。所以，如果你能加入一個社群、平台或是社團（如王道增智會），便能把各種不同資源的人，整合在一起，互相交流、互相學習、互相認識，然後互相擴展自己的人脈圈，當有了人脈圈以後，就可以互相整合、合作，完成一番成就。如王道增智時常舉辦課程，與成員們分享資源，比如銷售能力訓練、演講與口才訓練、創業實務……等，目的就是要吸引那些擁有不同資源的人，一同加入這個社團，然後彼此可以在社團中各自發展自己的人脈，找到各自的合作夥伴，作為他們的共同事業。

今天我們要成功，首先要找到一個能夠擴大社交圈的平台，只要你在這個平台夠活躍，能和每個人取得良好的交流、學習。那麼一段時間後，你就能從各種背景的人身上獲得各式觀點，學到不同的經驗、知識，從中找到各界的成功人士，與積極向上的人為伍，讓整合資源的機會更多；只有懂得團結聯盟，懂得借力與整合身邊的資源才能發揮微小力量創造輝煌人生。

# 3-2 商機：造就你的時勢

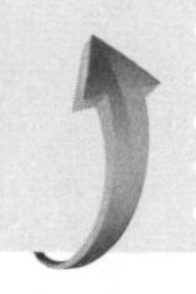

「現在想賺錢有兩個必須懂：一個是網際網路；一個是倍增。不懂網際網路，就是新時代文盲；不懂倍增，這輩子就只能掙死錢、領死薪水。唯有網路＋倍增＝趨勢！網路時代你必須找到創業的切入點，如果你只會用網路來打遊戲、聊天，那你就等於站在金礦上撿垃圾。」

——李克強

##  利用倍增，拓寬自己的市場

比爾．蓋茲（Bill Gates）曾說過：「人們認為我的成功在於掌握資訊，其實我只是順應了趨勢而已。十幾年前，當人們普遍認為價格昂貴的PC 電腦不會有市場的時候，我就清楚地知道，若安裝了由我開發的軟件系統，PC 電腦必將走進千家萬戶！」

那現在的經濟趨勢是什麼呢？誠如李克強所說，未來的商機在無國界經濟，面對全球化，網路和倍增，就是你的機會。

什麼是倍增？在美國五十萬的百萬富翁中就有 20%，是從倍增市場學中締造的。讓我們先來看看下面這個故事：

從前有位國王，非常喜歡下棋，一天，他下完棋後心血來潮，欲獎勵發明棋子的人。他將發明者召見到皇宮中說：「你發明的棋子讓我天天開心快樂，我想給你一些獎勵。說吧，你要什麼？」

當時正逢旱災鬧糧荒，百姓民不聊生。因此，發明者說：「我什麼也不要，我只要國王在我的棋盤上第一格放一粒米，第二格放兩粒米，第三格就放四粒米，每一格放的均是前一格米量的兩倍以此類推，直到把棋盤格放滿就行了。皇帝哈哈大笑說:「那就依你說的去做吧。」當第一排的八格全部放滿時只有 128 粒米，皇宮的人都大笑起來，但排完第二排時，笑聲漸漸變少了，而被驚嘆聲代替，而最後結果使他們大吃一驚，經計算，若要把這 64 格棋盤全放滿，需要 1800 億萬粒米，相當於當時全世界米粒總數的 10 倍。

於是，發明者便用這些米糧救濟天下無數的災民。而這就是被愛因斯坦（Albert Einstein）稱之為「世界第八大奇蹟」的市場倍增學（multi-level Marketing）的來歷。

愛因斯坦曾說：「複利，比原子彈更可怕。」

「複利」是現代理財一個重要概念，由此產生的財富倍增，叫「複利效應」。假設每年投資的報酬率是 100%，本金 10 萬，若按普通利息計算，每年回報 10 萬元，10 年亦只有 100 萬元，整體財富只成長十倍，但按照複利方法計算，首年回報是 10 萬元，整體財富變成 20 萬，第二年 20 萬會變成 40 萬，第三年 40 萬再變 80 萬元，10 年累計成長將高達 1024 倍（2 的 10 次方），亦即指 10 萬元的本金，最後會變成 1.024 億元——這就是倍增。

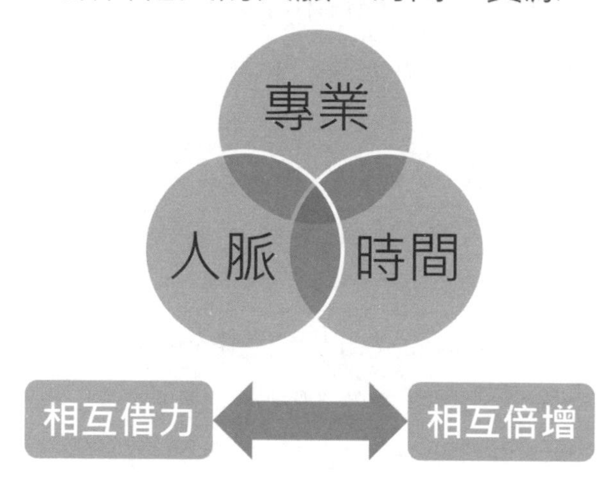


所以，如果你學會運用倍增，要成為億萬富翁就輕而易舉了。譬如有人開了一家店，每月大約賺十萬，也許在五年後，每月仍能維持賺十萬，但如果店主有倍增的觀念，每年培訓出一位店經理，把一家店面變成兩家，第二年增加到四家，第三年增加到八家，一直這樣下去，那麼七年之後，這家店的老闆月收入就會是兩千多萬；許多連鎖式機構就是這樣快速擴張，倍數獲利的。

世界上最聰明、最會賺錢的猶太人曾說過：「擁有了網路，就擁有了世界。」網路外行者，很難明白此話的真意，但作為深知市場倍增學原理的人士，都會一致認同這是一句至理名言。在美國的百萬富翁中，大約就有 20%的人，就是因為市場倍增學才創造了他們巨大的財富，而這就是市場倍增學的偉大。

現在哈佛大學已有開設市場倍增學的課程，同時在史丹佛及華爾街報刊，他也指出在二十一世紀將會有 50%到 65%的商品及服務是透過倍增市場銷售。

二十一世紀的來臨，網路高科技和全球化市場正在改變全球的就業市場結構，進而改變我們的生活方式；網路新科技＋倍增市場學＝網絡行銷倍增市場（Network Marketing）。「網絡行銷倍增市場」是一項能應用於任何消費品或服務市場學的概念。

## ESBI 象限

全球著名的理財智商（財商）教育專家羅伯特．清崎在他的著作《富爸爸窮爸爸》書中介紹了富人與窮人的區別。他將大眾的收入來源進行分配，將人們分成四個象限：

- E 員工象限
- S 自由工作者象限
- B 企業主象限
- I 投資者象限

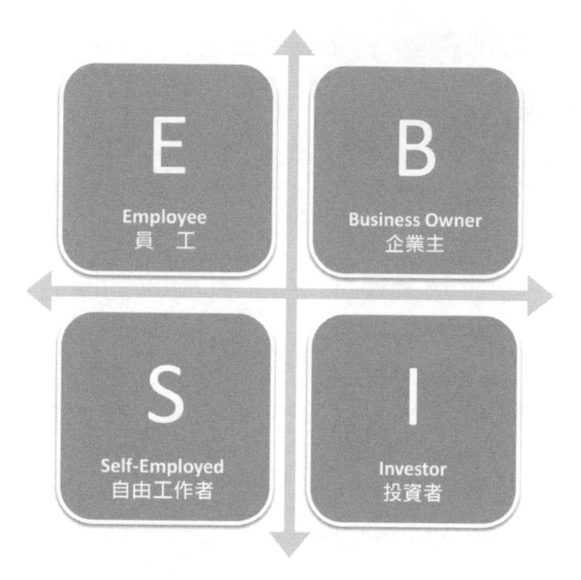


要如何打造多元收入來源？
你要選擇哪一個象限呢？

## E Employee（員工）

他們為別人工作，是以時間換取金錢的上班族，用自己的才華為別人創造財富，為公司付出以換取固定的報酬；收入通常較少，較沒有個人時間和財務自由。

## S Self employed（自由工作者）

他們為自己而工作，比如說：開餐廳、美容院、診所……等，也是用時間換取金錢，憑藉自己的能力賺錢，但擁有較多的個人時間。

## B Business owner（企業主）

擁有一個銷售網絡的企業，他們同樣是為自己而工作，但擁有一個系統，由系統為自己工作，透過槓桿運用他人的時間和金錢，以利系統替自己創造財富，擁有時間和財務自由。

## I Investor（投資者）

他們透過投資來賺錢，用金錢為自己製造財富，是掌握通路創造財富的投資家，時間與金錢都很自由。

所謂「財務自由」是指你不用為了生活開銷而迫使自己努力工作，為了工作而工作。財富不應該用生命賺取，我們應該利用系統，讓財富源源不絕地出現，學著用工具賺錢，而不是耗盡自己的生命來養家。

全世界的富人都在做兩件事情：一、建立系統；二、尋找頂尖的人才，以建立更大更棒的系統幫他們賺錢。他們都懂得運用別人的時間和金錢致富，沒有一位有錢人是靠單打獨鬥來賺錢的，他們都擁有一個系統替自己賺錢。做一次生意，就領一次報酬，若建立一個系統就能領 N 次的報酬，你選擇哪一種呢？

那你又想成為富爸爸「ESBI 象限」裡哪一個象限的人？據《富比士》雜誌報導，全世界前五百名富翁中，幾乎有一半是透過自己創業躋身億萬富翁之林的，而其中秘訣就是創造所謂的槓桿收入，在幫助他人成功的同時也分享他們的成就。

所謂資產，就是買了之後，還可以幫你生財，能把錢持續放進你口袋裡的東西。凡是不可持續的，就不值得羨慕，無論賺多少錢不重要，能賺多久才最重要。

而你賺的是暫時收入還是持續收入？主動收入是指你工作才有，不工作就沒有的收入，其最大的特點是「用時間換取金錢」，就像你有一份月薪三萬元的工作，但你必須天天上班才能獲得。當工作行為一旦終止，收入就會歸零，所以賺的是暫時性收入，這個世界有95%以上的人都在賺暫時收入。

被動收入是指即使不工作依然能夠獲得的收入，它是一種永久性的收入，能持續得到回報，就像是資產一樣。這種收入是持續性的，每月都會自己流進來的收入，它不會隨著我們不工作而停止。例如政府擁有營業稅、水電費等持續收入。

只有被動收入才能讓你同時擁有金錢和時間，有錢又有閒，才是實現財務自由的唯一途徑；所以每個人都應該為自己打造不用為錢而工作的財務自由而努力。

## 如何打造被動收入呢？

你知道被動收入有哪些嗎？

- 房租收入
- 投資收入
- 版權收入

### 組織行銷收入

組織行銷收入，應該是以上被動收入中，門檻最低、最容易達成的，一旦建立成功，就可以源源不絕的產生收入，形成倍增的效應。

假設一名消費者認可了某企業的產品，於是他向自己的朋友分享並銷售。此刻，他既可以獲得該企業給他的銷售利潤，又能尋找到一個合作夥伴。他花精力把這名夥伴培養成優秀的直銷商，這樣企業在進行商品的利潤分配的時候，把這位新直銷商銷售利潤的 1％分配給培養他的直銷商。結果就是：新直銷商獲得自己勞動所得的 99％，把剩下的 1％作為學費；而老直銷商則不斷地培養新的直銷商，並收取其勞動所得的 1％作為教育培訓費，當其培養 100 個新直銷商的時候，老直銷商就獲得了一份完整的收入，之後他還可以繼續培養更多的直銷商，持續增加自己所獲得的收益。

那有沒有什麼收入是只要努力工作就能永遠獲得豐收，即使退休也不用愁，每月都會有錢自動流進來的呢？

有，那就是建一個系統，或想辦法加入一個系統追求持續收入，系統能帶給我們持續收入，讓我們享有財務上的自由。每位事業的成功者幾乎都是一名系統建構者，或是系統擁有者。任何成功的企業都會先建構一套系統，建構系統之後，它會讓錢自己流進來。

什麼是系統？你是要天天去河邊挑水呢？還是一開始就辛苦一點努力挖井，等井挖好了，就不用天天挑水了，挖井就等於是在做系統。

做生意賺錢也需要一個系統的支持。例如：麥當勞，相信它的漢堡不是世界上最好吃的，但它卻是全球賣得最好的。麥當勞的老闆逝世已近二十年，他的事業依然存在，這是因為：它有一套「系統」在為他工作。所以，若沒有一套適用的「系統」來運行你的生意，那麼你的生意將很難成功和做大。

這個「系統」你可以自己建造，如白手起家創業、開公司等，而自創系統不僅時間長，付出的精力也很大。在風險大、危機多的競爭社會，自創系統的成功率僅有1%，每年都有上萬間餐館開張，同時也有上萬間餐館關門。因此，生存下來能發展的只有極少數，真正賺錢的更少。

當然，你可以加入別人的系統，加盟一個已經成功的系統，參加連鎖經營，這幾乎肯定能賺錢，但需要高昂的加盟費；或是藉助一個成功系統的模式，成就自己的事業，借力使力，以最小的成本，攀附上一個成功的系統。所以，學會借力，積極主動借力就成為人們生活的一項基本技能；誰會借力，誰就能更成功。

##  翻轉未來，互聯網創造財富

英特爾（Intel）董事長曾說過一句話：「未來只有一種企業——網路（互聯網）的企業」。

中國社群網站「人人網」創辦人王興說：「無論從事什麼行業，一旦你認為自己的行業跟互聯網（Internet）沒什麼關係，再過一、兩年這個行業就跟你沒關係了。」

拜網路之賜，現在買東西不用出門，不受時間與地點的限制，坐在

螢幕面前，彈指之間就可逛街、比價、購物，而且直接送貨到家裡，不滿意還可退貨，網路購物的魅力可見一斑。

你想成為淘寶的馬雲還是被滅掉的 NOKIA 呢？如果不懂「互聯網＋」，不做電子商務，就等著被淘汰！未來三十年，網際網路中存在著如「互聯網＋」和「互聯網應用」等機會，而我們每天的食衣住行育樂所衍生出的各項產業，又如何與互聯網相加，創造無限商機與無限可能呢？

互聯網（Internet），就是我們口中常說的網路。所謂「互聯網＋」，就是網路加到傳統行業中進行深度融合，是傳統產業創新的驅動力。

根據騰訊創辦人馬化騰解釋：「簡單地說，就是以網路平台為基礎，利用資訊通信技術與各行業進行跨界融合。」

「＋」指的是「連結」，即連結各行各業，也就是「互聯網＋某行業」，如互聯網＋金融、互聯網＋製造、互聯網＋物流、互聯網＋醫療、互聯網＋教育、互聯網＋零售。而市場上目前已產生多種「互聯網＋」產品或服務。例如——

「互聯網＋通訊」就是即時通訊，如 LINE、微信、QQ 等；

「互聯網＋零售」就是電子商務，如 Yahoo 超級商城、PChome 線上購物、淘寶、京東等；

「互聯網＋叫車」就是叫車服務 App、Uber 優步等。

在「互聯網＋」時代，互聯網不僅僅是簡單的工具，它已成為一種新業態以及未來經濟發展的重要載體，因此也催生了更多傳統的事物與互聯網快速融合、跨界融合，一個「＋」號，也充分說明它「融合」的這一特點。

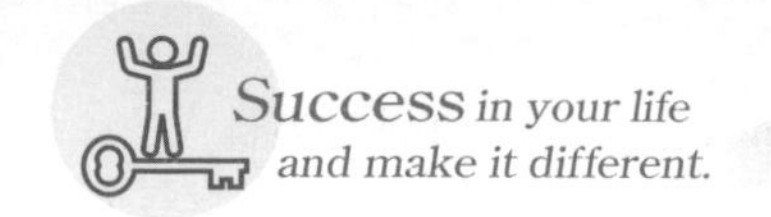


「互聯網＋」的「＋」，包含了以下幾個概念：

1. 連結，聯盟，生態圈。如電商與百貨聯盟，如雅虎建立網路生態圈，都是一種＋。
2. 跨網路連結，如行動＋物聯網。
3. 產業互聯網化，運用互聯網的所有能力加速創新。
4. 連結一切，人可與世界各角落連結，突破時空障礙。如微信、臉書。

「互聯網＋」是以網路技術為基礎，用互聯網的哲學，互聯網的思維去指導一個產品或傳統行業如何做產品，改變它的產品體驗，改變它看待使用者的方式，改變它跟使用者的連接方式，改變商業模式，從而讓資源真正重新配置，產生化學反應甚至乘數的效果。

隨著行動網路（Mobile Internet，移動互聯網）的興起與普及，行動裝置讓消費者隨時 Online，資訊串聯 Offline 購物更輕鬆。越來越多的實體、個人、設備都連接在一起了，改變了人們的生活。

現在人手一支手機，跨越了過去一定要有電腦才能購物的障礙，讓這個跨境電商的門檻大幅降低，商品的流通更順暢。由於我們隨時隨地都連著網路，不論是透過手機、平板還是筆記型電腦，資訊無處不在，隨時隨地都能連結，吃飯、等公車、搭捷運的時候都可以用手機看新聞、讀電子書，連上廁所也能滑開手機看看朋友傳來的短訊，用 LINE 和微信和家人朋友聊天。

行動網路讓所有產業進入網路的成本變低，也讓消費者 always online（永遠在線上）。

十年前臉書 FB 的使用者才剛破 900 萬，而十年後的今天，FB 在台灣的活躍用戶數達 1,800 萬，FB 全球活躍用戶數已超過 16.5 億，比中國的人口還多了兩億多。在短短的十年內，網路世界成為大部分人的生活重心，互聯網＋已然滲透到我們生活中。對於一般人來說，懂它與不懂它只體現在生活細節上的不同，但如果你是一位市場行銷人員，產品經理或者是公司老闆，「互聯網＋」就成了你控制職場或公司命脈的羅盤了。

無論是互聯網還是 IoT（物聯網 Internet of Things），最核心的本質，背後的力量都是——連結（Connection）。你要考慮你的產品如何能加入到連接的網路裡來，你的產品如何能真正把很多東西連在一起。這個東西可以是人、可以是企業、可以是任何事物，只有理解了連接，才會理解為什麼很多行業會被顛覆。「互聯網＋」的應用，為我們帶來新的改變、新的商業模式及產業衝擊……

邊看電視、邊滑手機，使得電視廣告效益大減，間接衝擊廣告業、媒體業。自從有了 LINE、微信等通訊 App 後，人們已經很少用手機發簡訊了。以微信、LINE 為首的即時通訊 App 大量蠶食了中國移動、中華電信等電信營運商的傳統語音、簡訊業務，讓電信業者的簡訊服務業務大幅下滑。微信為什麼顛覆了電信營運商呢？而且為什麼至少在一段時間裡看起來是不可戰勝的呢？因為微信改變了用戶和電信商之間的連接關係，它解決了我們每個人的連接問題。然而發生在電信行業的故事，也在銀行業上演，也給傳統銀行帶來了極大的威脅。

然而，部分傳統企業的高層或大老闆當中還有不少人認為互聯網與自己所在的領域關係不大，自然而然地「不主動也不抗拒」，或者存在傳統企業會被互聯網企業取代的危機感，盲目抗拒。事實上，但凡忽視互聯

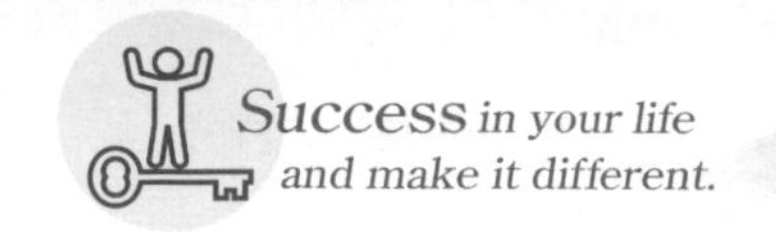


網＋趨勢的企業，不是處於萎縮狀態，就是坐以待斃，等著被收購或清算，這不是危言聳聽。

互聯網如同一種溶劑，與幾乎任何元素相加都能產生意想不到的化學反應，就像互聯網＋金融產生「支付寶」等金融軟體，互聯網＋計程車衍生出「滴滴」、「Uber」等熱門軟體，互聯網＋購物甚至改變了我們的購物方式，促使包括批發、物流等周邊產業鏈的發展。百度做了廣告的事，淘寶做了超市的事，阿里巴巴做了批發市場的事，臉書、YouTube 做了媒體的事，LINE、微信做了通訊的事，不是外行打敗內行，而是趨勢幹掉規模，同時也是跨界與融合、虛與實、開放與合作、線上到線下模式滅掉單一傳統思維模式的事。

2017 年春晚首次運用了 VR 技術，應用視頻雲技術打造的「實時歡唱」互動模式，用多樣的形式給觀眾們呈現出豐富多彩的網際網路生活。我們可以從這次中國的春晚看出時代發展的趨勢。網路，特別是行動網路已滲入到人們的生活，無論是食衣住行，還是吃穿娛購，都離不開互聯網＋。互聯網＋正在掀起一輪新的技術革命、機器人、物聯網、大數據、指尖經濟……持續地引爆大商機，還不抓緊腳步跟上。

# 3-3 團隊：綜合力量和智慧

「科學家不是依賴於個人的思想，而是綜合了幾千人的智慧，所有的人想一個問題，並且每人做各自部分的工作，添加到正建立起來的偉大知識大廈之中。」

——拉塞福 Rutherford

## 沒有完美的個人，只有完善的團隊

在日益激烈的市場競爭中，越來越多人重視團隊合作這一環節，將團隊的力量發揚光大，避免內耗、團結、協作、共同發展的團隊精神是一種可怕的力量；而這種群體的力量正是當代企業求之不得的。

團隊的目標就是創造出比個人更多的價值，這也是團隊存在的意義。為了達到我們的目標，需要每位成員的團結合作，每位成員都應該清楚個人和團隊的共同目標，明確各自的角色定位以及在組織中的作用。

團隊精神就是所有團隊成員為了一個共同的目標，自覺地擔負起自己的責任，並甘願為團隊犧牲、奉獻自己的某些利益。分工合作，相互照

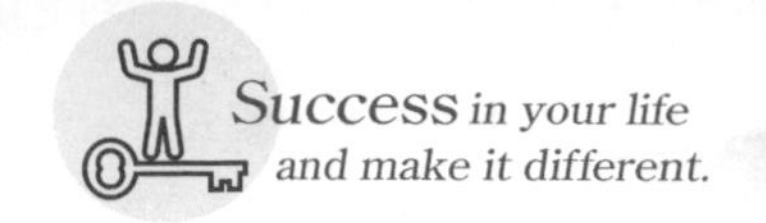


應，以快速敏捷的運作，有效地發揮角色所賦予的最大潛能是團隊精神的具體表現。

足球場上每名球員都有自己確切的位置和明確的任務，進攻或防守。後衛不能隨便站在前鋒的位置，後腰（站位於中場，稱防守型中場，負責中場的攔截斷球以保護後衛線）儘量不要跑到邊鋒的活動區域，尤其守門員更是不能擅離職守。負責各個位置的隊員都要嚴格遵守總教練的戰術安排，協同作戰，互相配合，並給予同伴充分的信任。當球被攻到本方禁區時，將球踢到遠離自己球門的位置是守門員和後衛的職責，而其他的隊員也有義務去幫助後衛和守門員將球踢出危險地帶。將球踢到對方的門裡就是前鋒和其他進攻隊員的職責，而後衛們也可以適當中途進攻，但前提是不能讓對方的前鋒趁此機會偷襲得分。

從足球比賽中得到的感悟是：在一個團隊中，所有的活動都要圍繞在一個共同的目標展開。但團隊各部分、每一個人都是相對獨立的，它們都有自己的目標和任務，都要獨當一面。

正如雷鋒所說：「一滴水只有放進大海裡才永遠不會乾涸，而一個人只有把自己和集體事業融合在一起的時候才最有力量。」個人好比大海裡面的一滴水，離開大海單獨存在很快就會乾涸消失，所以團隊中的每名成員都不能以自己為中心，不能自以為是。

員工只是團隊的一員，即使再受重視，再有才華，也不能以自我為中心。團隊的性質決定了每位員工只是團隊的一部分，員工的所有工作都應該是以實現團隊的目標為中心。

公司為員工提供了施展才華的機會和舞台，提供了實現理想的機會；

但作為團隊中的一員，你一定要時刻銘記自己的職責和使命。最優秀的團隊，並不是單靠一、兩名優秀的員工就能組成的，它必須由各名成員團結協作來組建。

在《西遊記》中，如果豬八戒和沙僧兩人跟孫悟空一樣優秀，那麼在三打白骨精後這個團隊就該解散了，他們只能無奈地接受失敗的結局。

每人都有自己的優點和缺點，世界上根本不存在完美的人，但如果我們能充分瞭解自己的優點和缺點，並發揮自己的所長，改善自己的劣勢，那就能接近完美。在任何環境之下，優點和缺點都會對人產生一定的影響，並且決定別人對自己的態度。

一位卓越的員工，要根據不同的環境和不同的情況，靈活面對自身的優、缺點，也就是說：儘量用優點來面對環境，當工作環境需要你面對自己的缺點時，不要逃避；而需要改正缺點時，就要毫不猶豫地去改正。雖然這些做起來很難，但卓越的員工一定會去做，即便結果是失敗的，也能在整個過程中獲得效益，學到經驗。

成功的團隊彼此融洽交流，知道發生衝突和矛盾時該如何處理，工作中能互相支援，並且互相鼓勵，用最佳狀態來奉獻團隊。且將自己內心的想法告訴大家，是團隊溝通的基本的一條；誠懇的批評有助於個人和團隊技能的提高，對於團隊出現的問題，要善於從「知過則改」昇華到「聞過則喜」。

比陸地遼闊的是海洋，比海洋還廣闊的是天空，而比天空更廣闊的是人的胸懷。你特別要學會寬容，遇到摩擦多從自身找找原因，即使真是對方的過錯，也要學會換位思考，體現出容人的大度；並注重團隊協作，處

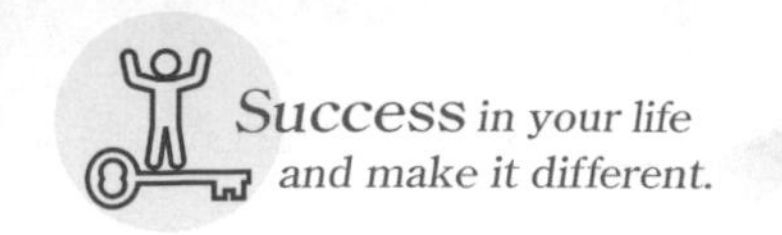


處體現團隊精神，以快樂的工作態度迎接新的挑戰，與同事們合作共贏，和企業共同發展，從而讓自己的人生價值得到最完美的展現。

## 大局意識是團隊精神的具體表現

團隊精神就是大局意識、協作精神和服務精神的集中體現，它包含兩層含義：一是與別人溝通、交流的能力；二是與人合作的能力。

一個團隊要是沒有團隊精神那將會是一盤散沙，一間公司要是沒有團隊精神也將無所作為。

員工個人的工作能力和團隊精神對企業而言是同等重要，如果說個人工作能力是推動企業發展的縱向動力，團隊精神則是達成企業經營目標的橫向動力。因此，員工作為個體應不斷提升工作能力，而作為團隊成員則應與同事間加強溝通、同舟共濟、互敬互重、禮貌謙遜，既尊重對方，也重視大局，彼此密切配合。

團隊一旦有了團隊精神就能不斷地釋放出團隊成員潛在的才能和技巧，讓員工深感被尊重和被重視，彼此之間鼓勵坦誠交流，避免惡性競爭，找到最佳的合作方式；因而為了一個統一的目標，讓大家自覺地認同必須擔負的責任並願意為此而共同奉獻。

「一根筷子輕輕被折斷，十雙筷子牢牢抱成團」，這是團隊精神最直白的詮釋。團隊精神是企業成功的要訣之一，它體現著企業的凝聚力，這種精神對於企業的發展越來越重要，我們必須認識到團隊合作的重要性和必要性，並真正在工作中發揮團隊精神，為企業建設出力。

《團隊的智慧》的兩位作者瓊．R．卡扎巴赫和道格拉斯．K．史密斯一再強調要精準地區分團隊和一般性的集團：團隊不是指任何在一起工作的集團。團隊工作代表了一系列鼓勵傾聽、積極回應他人觀點、對他人提供支援並尊重他人興趣和成就的價值觀念。使每位成員的個性特長都能得到發展並發揮出來，這才是名副其實的團隊。

團隊精神，必須基於尊重個人的興趣和成就而形成。因此，要設置不同的職位，選拔不同的人才，給予不同的待遇、培養和肯定，讓每位成員都擁有特長，並表現特長，且這樣的氛圍越濃厚越好。

最後，團隊的所有工作成效最終會不由分說地在一個點上得到檢驗，而這就是合作精神。

A、B 兩支隊伍比賽攀岩，A 隊強調的是齊心協力，注意安全，共同完成任務；B 隊則沒有做太多的士氣鼓舞，而是一直在合計著什麼。比賽開始了，A 隊在過程中幾處碰到阻礙，儘管大家齊心協力排除困難，完成了任務，但因完成時間過長，最後仍輸給了 B 隊。那 B 隊在比賽前到底合計著什麼呢？原來他們把每位隊員的優勢和劣勢進行了精心的組合：第一個是動作機靈的小個子隊員，第二個是一位高個子隊員，女生和身體龐大的隊員放在中間，殿后的當然是最具有獨立攀岩實力的人員。所以，他們幾乎是沒有阻礙地完成了任務。

團隊精神的一大特色就是：團隊成員的才能是互補的。團隊精神的最高境界是全體成員的向心力、凝聚力，以鬆散的個人意志集合成團隊意志為最重要的標誌。

向心力、凝聚力，一定來自於團隊成員自覺的內心動力，來自於相似的價值觀。且團隊成員個人的能力之所以能發揮到最大化，其實是個人英雄主義的體現，個人英雄主義在工作中往往為個性的彰顯，包含有創造性的工作，以及勇於面對壓力和敢於承擔責任的勇氣。

但是，個人的力量畢竟是有限的，許多工作必須靠眾人的合作才能完成。因此，卓越員工通常都具備大局意識，他們在工作中注重團隊的合作，團結身邊每一個人，除了充分施展才能外，更激發出團隊其他成員的創造力，為團隊帶來永不枯竭的創新能力，共同開創美好的未來。

所以，你要慎選團隊合作夥伴，若他符合下列幾點，就不是一位好的夥伴。

- 有事時找你，沒事的時候無視你。
- 受你點恩惠就對你加倍好。
- 不要對不懷好意的人心軟。
- 心裡沒有你的人，不要妄想某天他會被你打動。

不要對誰都一副友愛的態度，不是每個人都值得你視為夥伴，在組織團隊前，記得張大眼睛看，將不適任的人先行排除。

## 個人的成功離不開團隊合作

重視團隊精神，注重團隊合作，有助於如實地完成工作。當今社會，競爭已成為日常生活中一種無所不在的現象，團結互助更顯得尤為重要。

且縱觀古今中外，凡是在事業上成功的人士都是善於合作的人。

李嘉誠成功的因素固然有很多，但其中一個最主要的原因就是他善於合作，善於和各種不同的人互相配合；所以，在他的麾下，總聚集著一群傑出人才。

像霍建甯、周千和、洪小蓮等，李嘉誠把他們攏在自己麾下，從而使自己成為一位擁有人才的大老闆；因為他明白，成功離不開合作。市場經濟的競爭，說到底更是一種人才的競爭，如果擁有了各種人才，並誘導他們貢獻自身的努力和聰明才智，就能在競爭中取勝。

由李嘉誠一手構建的這個團隊，擁有一流專業水準和超前意識、組織嚴密，就像他的一個「內閣」，在激烈的經濟競爭中發揮巨大的作用。甚至可以說，李嘉誠財團之所以能成為跨國財團，和他周圍那些能幹的中國人、外國人是分不開的。尤其李嘉誠大膽啟用外國人，這些人幫助他走出亞洲、走向世界方面，既充當「大使」，又充當衝鋒陷陣的「士卒」。

正如一家著名雜誌所稱：「李嘉誠的這個「內閣」，既結合了老、中、青的優點，又兼備了中西方色彩，是一個行之有效的合作模式。」

如果李嘉誠不與他人合作，僅靠一個人的力量，縱使他有三頭六臂，也不能創造出如此宏大的事業；因此，李嘉誠的成功更確切地說應該是團隊合作的成功。

團體的力量是巨大的。團隊就好比是活生生的、不斷進化的有機體，是由處於複雜的和充滿活力關係之中的個體構成的。就如一場球賽中，「沒有號碼你無法分辨運動員」一樣，一個團體若想有效地發揮作用，就要識別出誰是「運動員」，釐清他們彼此之間的性質，以及決策權該如何分配。且在一個你不熟悉的新團隊中，弄清這些情況是特別重要的，它可以為你提供一個能說話和回答的「思考環境」。

美國的西點軍校向來注重並積極培養學生間的團隊精神。在具備團隊精神的群體裡，較能實現個人無法獨立實現的目標；且團體中每個人都將變得更有力量，而不是變得微小或默默無聞。西點畢業生、西爾斯公司第三代管理者金斯・羅伯特・伍德說：「不論多麼強大的單兵都無法戰勝敵人的圍剿，但只要大家聯合起來就可以戰勝一切困難，就像行軍蟻一樣把阻擋在眼前的一切障礙消除掉。」

一滴水不想乾涸的唯一辦法就是融入大海，一名員工想取得大成就的唯一選擇就是融入企業，想在工作中快速成長，就必須依靠團隊、依靠大家的力量來提升自己。作為企業的一分子，卓越的員工能自覺地找到自己在團體中的位置，自覺地服從團體運作的規範；他把團體的成功視為發揮個人才能的目標；他不是一個自以為是、好出風頭的孤膽英雄，而是一個充滿合作熱情、能克制自我、與同事共創輝煌的人。因為他明白：離開團隊，他可能取得一些小成績，但終究成不了大業；但如果有了團隊合作，他可以與別人一起創造奇蹟。

一名工作能力十分出眾的小職員才工作不久，就被主管解雇了。他覺得很沒面子，一腳踢開主管的門，拍著桌子向上司喊：「憑什麼解雇我？是我的能力差嗎？我自認為自己比其他同事出色多了！」

不等主管解釋，他又唾沫橫飛地質問對方，並惡狠狠地說道：「聽著，你這樣對我太不公平！混蛋！」

「你不要激動，聽我稍作解釋。」主管冷靜地回答，「請原諒我的坦白，我從未懷疑過你的能力，你的能力是最優秀的沒錯，但你的態度過於傲慢無禮。我們公司一直以形象良好、口碑極佳著稱，可是你在公司不但粗魯、散漫，還蠻橫無理地對待客戶，這是我們無法允許的！所以，我很遺憾你必須離開。」

「不僅如此，周圍的同事都很難和你相處，公司雖然很重視員工的工作能力，但也同樣重視員工的職業道德。」

「如果你在家裡，是的，我並不會在意你這一點，但問題是你現在是公司的員工。」主管最後說，「實在很抱歉，因你缺乏做人最基本的道德，已嚴重影響他人的工作，甚至破壞、影響到公司的形象，所以，我們只能請你另謀高就！」

只因不懂得團隊合作，更不懂得團隊合作的重要性，這名具備工作能力的職員最終命運也是遭遇解聘。

公司是員工實現自己價值的大舞台，而員工是公司得以持續發展的堅實基礎，只有公司發展了，員工才能獲得進一步的成長；同樣，只有員工進步了，公司才能不斷成長和壯大。

而聰明的人他們很清楚，光憑自己單打獨鬥只能取得一些小成績，但如果加入到一個團隊中，就能發揮出自己更大的潛力。團隊合作是一場「雙贏」的博弈，每位參與的人都能從中獲益。所以，優秀的人之所以能勝出是與他們的團隊合作精神分不開的。

合作其實是一個互相幫助、資源分享、優勢互補的過程，從「我」到「我們」，最終達成取長補短、共同發展、獲取雙贏的目的。相反，如果人人只顧自己的利益，只看到自己的長處，缺乏合作共進的意識，團隊利益就會被淡化、整個隊伍就會成為一盤散沙，不堪一擊。

當人想要解決問題的時候，可能會在頭腦中產生各種想法，一個接著一個的湧入腦海，但這種想法遲早會枯竭。所以，當個人分析問題時，其解決方案侷限於他所能想到的範圍之內；但如果組成一個團隊，每個人都提出自己對於問題的看法，整個問題的視野也將得到極大的拓展，問題勢必更容易解決。

個體的力量始終渺小，有許多事情依靠個體的力量是難以達成的，若你懂得並善於借助自己身邊的資源，向他人尋求幫助，讓有能力的人去分擔整個事情中他能勝任的那一部分，問題就可以順利解決。

因此，卓越員工在工作中遇到複雜的、棘手的問題，首先考慮可否求助於他人，讓自己在和他人的交流探討中激發出靈感的火花，借助於集體的力量來解決問題。

面對複雜的問題，將「我」轉入到「我們」之中，利用合作造就成功。更多的人手不僅會讓工作變得輕鬆，而且會產生良好的結局，透過與人合作共贏而換取自己勝出的機會。

## 與人分享才能成功融入團隊

與他人分享成功，是融入到團隊中最好的方式。團隊就像一棵果樹，不僅在幼苗時期需要精心呵護，到了果實纍纍的時候也需要良好的照料。

假設一群猴子發現高聳的懸崖上有一串熟透了的果子。但懸崖實在太陡峭了，僅靠一隻猴子的力量是無法摘到果子的，於是猴子們互相配合搭起「猴梯」，讓最頂端的猴子攀上懸崖，成功地摘到了果子。

然而，摘到果子的猴子忘記摘到果子是大家團結合作的結果，獨自在懸崖上大嚼起來，絲毫不理會下面的同伴。於是，下面的猴子生氣了，牠們撤去了「梯子」。而摘到水果的猴子在吃完所有的果子後卻怎麼也找不到下來的路，最後餓死在懸崖上。

從短期看，最上面的猴子似乎占到了便宜，在別人的幫助下獨享了勝利的果實。但從長遠來看，這隻猴子因為貪小便宜的行為，使自己付出了巨大的代價，被團隊拋棄，導致自己喪命。

一間企業也是如此，在企業發展艱困的時候，員工往往可以眾志成城、團結一心、共渡難關；但取得一定的成績後，原本團結的局面卻往往會出現裂痕，這種可以同甘卻不能共苦的態度，困擾著大多數的企業。

究其原因，很多人都認為，這是因為員工素質差、嫉妒心重；其實不然，真正的原因其實是團隊中出現了幾隻獨霸成果的「猴子」。

團隊所獲得的任何成功都凝聚著團隊成員共同的心血，是大家共同付出勞動的結果，不是光靠哪個人的力量就能取得的。而既然是大家共同努力的結果，就不能容許某一個人獨占，唯有分享才能體現公平公正；獨占只會傷害團隊的其他成員，且傷害別人的人最終所受到的傷害往往最重。

卓越的人在榮譽面前往往表現得謙卑，在享受榮譽的同時，也不會忘記那些和自己一起努力或者曾經幫助過自己的人，讓所有曾經參與的人都分享榮譽和喜悅。這樣的員工，大家都樂於看到他的成功，當他獲得成功時，往往得到讚許和掌聲，而且大家未來會更加團結，爭取更大的成功。

因為大家知道，不管取得多大的成功，他都不會忘記曾經幫助過他的人，眾人都會有所回報。

而那些獲得榮譽，就把眼睛挪到頭頂上去了的人，彷彿自己超越了別人，妄自菲薄，整個態度高傲起來。這樣的員工，就等於把自己與團體隔離開來，最終害了自己。

有位農民用優質的玉米種子獲得大豐收。鄰居紛紛請求他將新種子賣給他們，可是這個農民為維護自己的優勢，斷然拒絕了大家的請求。

但從第三年開始，這個農民的玉米收成差了，到了第四年，更是明顯地減少。最後，他終於找到了其中的原因：因為自己優質的玉米，接受的是鄰居田中的劣等玉米的花粉，但風的傳播誰也阻止不了。

一個人擁有優勢時，要明白，若想繼續強化自身的優勢，就必須學會享用。在同一個系統、同一個價值鏈下，一榮俱榮，一損俱損是發展中必然的規律，且分享不僅表現在對成果的共用上，更體現於對責任和壓力的分擔上。

一間工廠因為經營不善而面臨倒閉。工人們都在收拾個人物品準備離開，因為每位工人都瞭解工廠的財務狀況，所以根本不期望工廠能兌現工資。

廠長將大家召集在一起說：「大家很清楚廠裡目前的情況，我現在給大家兩條路走：第一條路是我申請破產，不過大家放心，我會想辦法讓大家拿到工資，不過大家將會失去工作，需要重新找工作；第二條路是我把工廠股份化，以股份來取代工資，發給你們每個人，當然大家現在獲得的不會是利益，而是平分工廠的債務。」

工人們都靜靜地聽著，廠長繼續說：「大家在一起工作這麼長時間了，何不放手一搏呢？工廠是我們一起發展起來的，屬於我們每個人，只要我們團結起來，就一定能闖出一條生路。」

最後，所有的工人都選擇留下來。每位工人都拿到了工廠的股份，所以大家更加拼命的工作，工廠很快就蓬勃發展起來。

一個良好的團隊，不僅需要精神上的鼓勵，更需要物質上的支援，某個人取得成就的時候，千萬不要忘了其他一起努力的成員，只有分享，才能共贏。

一個人也許偶爾能勝出，但保持一貫勝出的人絕對離不開團隊的合作。優秀的人也許會比別人有更多的機會獲得榮譽，而屢屢獨享榮譽不懂得與別人分享的人不會成為真正的成功的人。

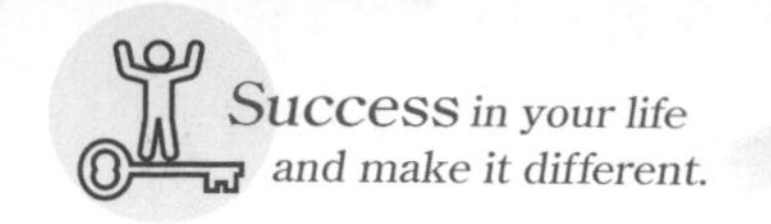


# 3-4 方法：讓你事半功倍

「如果你真的很想做一件事，你將找到方法；如果你不是很想，你將找藉口。」

——吉姆．羅恩 Jim Rohn

## 為成功找方法

成功者會為失敗找方法，而失敗者只會為失敗找藉口。

據統計，80％的人在事業上是失敗者。美國一位以賣氣球為生的老人，每當生意不好的時候，他總會放飛一個氣球，以此來激勵自己，吸引顧客。一天，一名小男孩走向他，並問他：「老爺爺，這個黑色的氣球也會飛嗎？」老人說：「孩子，氣球它會不會飛，不在於它的顏色，而在於它心中是否有升騰之氣？是否有取得成功的正確方法？」

你心中有「升騰之氣」嗎？還是只有喪氣、歎氣或窩囊之氣呢？你是否找到正確的方法？我認為，生活中最大的悲劇，不是暫時的失敗，亦非暫時的貧窮，而是習慣寒酸，甘於平庸，將自己定位於一個平庸之人。

如果你不甘於作一位平庸之人，那麼，就儘快找到正確的方法，而非找各種藉口；所謂的「沒辦法」，是還沒想到解決的辦法，而不是毫無解決之道。

小駱駝問爸爸說：「爸，為什麼我們的背上有駝峰？」

「因為我們在橫越沙漠時要儲存脂肪和水分呀。」駱駝爸爸說。

「為什麼我們要有長睫毛？」

「因為沙漠風沙大，可以保護我們的眼睛呀。」

「那我們的腳底為什麼會長肉墊呢？」小駱駝又問。

「這是為了方便我們橫渡沙漠呀。」駱駝爸爸很自豪地說。

最後，小駱駝問：「那……那我們在動物園幹嘛？」

「因為人們是在保護我們，不讓我們受狂沙的侵襲。」

駱駝爸爸明顯是在給自己的處境找藉口，牠所擁有的功能只有在沙漠中才能發揮出來。現實生活中的有些人就如同這隻被關在動物園裡的駱駝般，不知道自己的長處在哪，反將自己定位在「動物園」裡，而不是定位在能夠自由馳騁的遼闊場地。

雖然每個人都擁有屬於自己的舞台，但你仍需努力去尋找適合自己發揮的場地，然後全心投入。如果你只是渾渾噩噩，任人擺佈地過生活，找不到自己真正的舞臺，那麼，你永遠沒有專屬於自己的位置。

而我認為，找尋成功的方法需要三個條件：意願、能力、機會。

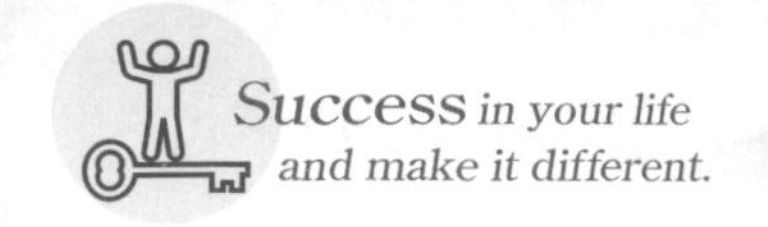


### 1 意願

你是否希望成功？有多希望？你是「想要」成功，還是「一定要」成功呢？如果你想得不是「一定要」，那可能就很難成功；人會被自己的心態間接影響，而造成不完美的結果。

### 2 能力

成功需要有：設定目標的能力、保持積極心態的能力、大量行動的能力、時間管理的能力、堅持到底的能力、人際交往的能力、組織和領導的能力……等等。試著檢視自己，這些能力你是否都具備了，還是需要再加強呢？

### 3 機會

成功離不開機會，若沒有合適的機會，要取得成功也很困難。機會可遇不可求，所以你要善於抓住每一次的機會，往前衝刺。

成功需要以上三個條件。因此，若要想成功，我們就要更提升自己以下提供幾點方法：

### 1 強化意願

明確自己想成功的原因。將成功與快樂連結在一起，把不成功或現狀與痛苦相連結；這樣一來，快樂和痛苦的感覺產生明顯對比，你渴望成功的欲望就會越強大，因為人人都希望活得快樂。

## 2 提高能力

- 明確目標，了解現狀：為自己的能力評分，假設理想狀態的分數是 100 分，那你現在的能力狀態是幾分？而你打算提高哪些能力，提高到什麼程度？量化的數字，能使自己有明確的方向去改善、加強。
- 制定計畫：用什麼方法提高能力，花多長時間把能力提高到多少？例如想把能力從 40 分提高到 100 分，就將提高到 100 分的過程，分階段來執行，避免給自己增加壓力，產生抗拒的心理。
- 馬上行動：成功離不開行動力，與其坐以待斃，不如馬上行動。
- 調整校正：如果能力順利提高了，就說明你使用的方法正確，可以給自己一些獎勵並持續強化；但如果能力下降了，就說明方法有問題，試著重新摸索直到找到正確的新方法。
- 堅持到底：要想真正提高能力，就要堅持到底；成功者絕不輕言放棄，放棄者絕不可能成功。

但製造藉口來為自己辯解，是人類普遍的行為。這種習慣與人類的歷史同樣古老，是成功的致命傷，但為何人們不放棄他們喜愛的藉口？答案很簡單，人們之所以會保護他們的「藉口」，是因為藉口正是他們所製造的；「製造藉口」是人類根深蒂固的習慣，且不容易被打破，尤其當我們失敗或不願意做某事的時候，更容易為自己辯解。

車夫駕著一輛滿載乾草的車子走在鄉間的路上，沒想到卻陷入泥坑。但鄉下的田野上，有誰會能幫這個忙？這完全是命運之神有意捉弄人的安排。

陷入泥坑裡的車夫氣急敗壞地破口大罵。他罵泥坑，罵馬匹，又罵車子和自己，無一不遷怒。無奈之中，他只得向舉世無雙的大力神求救。

「赫拉克勒斯（Heracles）」車夫懇求道，「請祢幫幫忙。祢的背能扛起天，求祢幫我把車從泥坑中推出來，這對祢來說應該是舉手之勞。」

剛祈禱完，車夫就聽到神從雲端發話：「神要人們自己先動腦筋、想辦法，然後才給予幫助。你先看看，究竟是什麼原因使你的車困在泥坑裡？為什麼會陷入泥坑？拿起鋤頭鏟除車輪周圍的泥漿和爛泥，把礙事的石子移開，試著把路填平，你不先自己嘗試一下怎麼行呢？」

過了一會兒，神問車夫：「你處理好了嗎？」

「是的，處理完了。」車夫說。

「那很好，我來幫助你。」神說，「拿起你的鞭子。」

「我拿起來了……咿，這是怎麼回事？我的車走得很輕鬆！大力神赫拉克勒斯，祢真行！」

此時的神對他說：「你瞧，你的馬車很輕易就離開了泥坑！遇到困難時，你必須先自己動腦筋想辦法解決，老天才會助你一把。」

故事告訴我們，無論是面對失敗還是困境，我們所要做的並非坐以待斃，更不是尋找藉口，而是為成功找方法。

倘若你真的不知如何找出解決的方法，那不如試著用一些小技巧或工具，釐清問題發生的原因，再結合自身的優缺點來進行修正，順利解決問題、困難。

魚骨圖不失為一個好方法，這是由日本管理大師石川馨先生所發展出來的，故又稱石川圖；它具有方向性，例如魚頭向右是用來找問題原因，魚頭向左是用來找方法對策。分析一個事件時，要在找到原因後進行對策推演，也就是說要有兩個魚骨圖產生出來，才能算是完整分析工作，真正找到問題解決的方法。而魚骨圖可分為三種：

## 1 整理問題型

各要素間不存在原因關係，而是結構構成關係，對問題進行結構化整理。

## 2 原因型

魚頭在右，通常以「為什麼……」來出發思考。

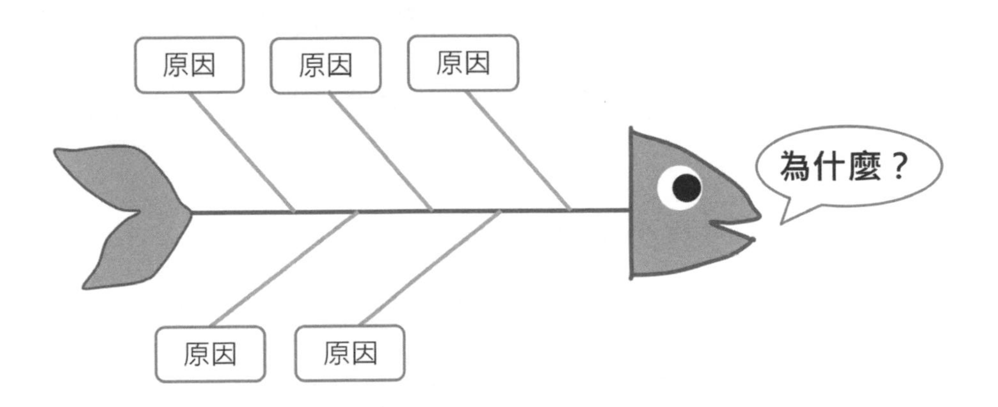

## 3 對策型

魚頭在左，通常以「如何提高或改善……」出發思考。

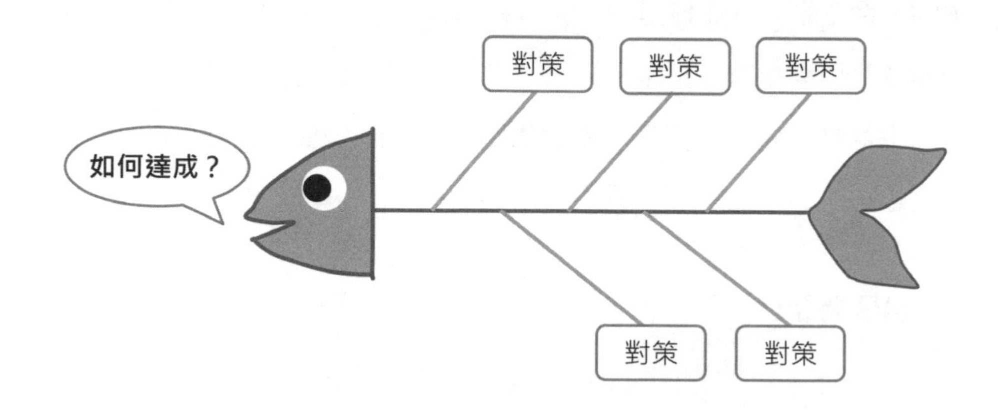


針對問題，利用腦力激盪的方式進行思考，儘可能地提出問題可能產生的原因，再將所有原因整理列出，並去除重複及沒有意義的原因；最後再根據這些原因找出可以或可能解決的辦法，一層一層地分析，把問題的癥結點找出。

遇到困難時，與其在旁躊躇不定，不如試著使用一些小工具，話說「不為失敗找理由，要為成功找方法」就是這個道理。

##  想吃魚就朝有水的地方邁進

談成功，我們總能找出成功企業家與一般人的差異，像是勤奮、努力、膽識、經營技巧、雄才偉略。

但一個人的成功不會只有「可操作的部分」，一定還有「無法操作的部分」，前者稱之為「實力」，後者則稱為「運氣」，而「人脈經營」

則是實力與運氣的連接點。

因此，創業也好，工作也罷，人脈總在無形中影響一個人的命運。只是，經營人脈一定會帶來好事嗎？ 我想是未必，但如果你想吃海味，總得靠近有水的地方；如果你想吃山珍，總得往田野、山裡頭去。雖然靠近這些地方也未必能吃得到，但如果你不靠近，機會幾乎是零。

更重要的是，你不能等到想吃了才開始準備，那通常緩不濟急，也顯得太過現實。清末紅頂商人胡雪巖曾說過：「金銀財寶有時盡，唯有交情用不完。」人脈經營得好，真正派上用場時，那可是比什麼都有價值。

在商場上，如果說「專業是利刃」，那麼，「人脈則是秘密武器」，如何以極自然且互利互惠的方式去經營人脈，是勝負關鍵。成功要靠方法，而透過人脈取得成功不失為一個好方法，人脈是通往財富、成功的入場券，成功的人，也正是因為他擁有雄厚的「強勢人脈存摺」，才有令後人稱羨的「輝煌成就」。而要快速成為人生勝利組成員，其實只要做對三件事：

- 跟對人
- 做對事
- 交對朋友

所謂出外靠朋友，人脈不光是在職場裡面非常重要，在現如今的社會裡任何事情都會需要。有句話說的很好，朋友多了路好走。那關於人脈你又瞭解多少呢？讓我們來看下列幾點。

## 1 人脈等於錢脈

只要是在社會打滾過的人，就一定能明白這個道理——人脈就是錢脈。譬如：公司想做一個專案，剛好你的朋友所擅長的跟這個專案有所相關，有利於公司執行，那你就比其他人擁有更多優勢能夠完成。而這就是人脈的優勢，讓你順利取得並完成專案，獲得業績更替公司帶來錢財。

## 2 如何累積人脈

累積人脈的方法非常多，你平時要多留意身邊的人，哪怕只有一面之緣，你也不能放過。只要有心，任何人都有可能與你成為合作夥伴或是朋友，但剛認識的時候千萬不要帶有目的性，要順其自然的讓關係熱絡，避免讓別人覺得你唯利是圖，為了利益才跟他們接觸。你還要多瞭解一些不熟悉的事物，如此一來，當你遇到不同領域的朋友時，才能搭起之間話題的橋樑。

## 3 人脈的利用

有事相求的時候，不能一味的只想到自己，要先站在對方的立場上去思考一下這個問題；如果換作是你，也會願意幫忙的話，再考慮是否要尋求協助。朋友，能協助你將事情事半功倍，但不要認為他們的幫忙是理所當然。

吉姆·弗雷德從小家境貧困，父親在他十歲的時候就離開人世，只有體弱多病的母親和他相依為命。但無論生活多麼困苦、環境多麼艱難，吉姆·弗雷德和母親都從來沒有放棄對生活的希望，凡是認識他的人都會被他積極樂觀的精神所感染。

吉姆·弗雷德因為家境過於貧困，沒有錢能夠念書，他讀完小學就必須為了生計去當臨時工，所以他的學歷並沒有很亮眼——但他在四十六歲的時候卻能擔任國家郵政部長的職位；年近五十的時候更被美國四所知名大學授予榮譽學位，連羅斯福成功入主白宮，也得益於他的傾力相助。

既沒有顯赫的家境，又沒有高學歷，吉姆·弗雷德究竟是靠什麼取得成功？所有人都充滿疑惑，想去向他本人討教；一位年輕的記者被賦予了這項重大地採訪任務——備受關注的疑問。記者來到弗雷德的辦公室，弗雷德本人十分健談，記者和他交談時感到從未有過的放鬆和愉悅。

記者自然而然地向弗雷德提出了大家一直以來都想瞭解的問題。他掩飾不住內心的激動，對弗雷德先生說：「弗雷德先生，我受很多人的委託前來向您詢問一件事情，不知道您是否願意告訴我們真正的答案。」

聽到記者的話，弗雷德發出爽朗的笑聲，親切地對記者說：「我會盡我所知地回答你提出的每一個問題，不過，在你提問之前，我可能已經猜到你所想要問的問題了。」記者先是感到納悶，不過，他很快反應過來，對弗雷德說：「那您說一說我想問的問題是什麼。」

弗雷德說：「你想問我的問題，很可能就是我能夠取得今天的成就，其中是不是有什麼秘訣。」

聽到吉姆·弗雷德本人如此直接地說出了眾人心中疑惑很久的問題，記者突然感到輕鬆多了。他知道不用再多問，弗雷德自己就會說出問題的答案。

果真被記者猜中了，弗雷德接著說：「辛勤地工作，這就是我成功的秘訣。」但記者對這個答案感到非常不滿意，他想也沒想地就回：「不，這不是我要的答案。我聽說您隨口就能說出至少1萬個曾經認識的人的名字，我想這才是您獲得成功的秘訣。」他以為弗雷德會贊成自己的觀點，並且為自己瞭解這麼多的資訊而感到驚訝，沒想到弗雷德卻說：「不，我至少能準確無誤地說出5萬個人的名字。而且，就算若干年後再遇見他們，我依然叫得出他們的名字，我還能問候他們的妻子、兒女，並和他們聊聊工作和政治立場等各種話題。」

這下輪到記者感到驚訝了，他不由得問：「為什麼你能做到這些？你有特殊的記憶方法嗎？」

弗雷德接著回答道：「沒有，我只是在認識每一個人的時候，都會把他們的全名記在本子上，並且想辦法瞭解對方的家庭、工作、喜好以及政治立場等，然後把這些東西全部深深地刻在腦海當中；下一次見面時，不論時隔多久，我都會把刻在腦海中的這些資訊迅速拿出來。」

世界是由人與人聯繫，互相搭建起來的，每個人都會和他人有著一定的聯繫，沒有人能完全獨立於他人而存在，更沒有人的成功可以靠一己之力獲得；若想成功，就意味著你要建立人脈。不同階層的人都有各自的關係網，無論這層關係是有意或無意搭建成的，都會對你的生活產生或大或小的影響力。

如果說成功有什麼捷徑，那就是善於學習別人的成功的方法，從他人成果的經驗中總結出規律性的東西，加以變通和運用，讓人脈成為你通往成功的捷徑；讓別人的方法，成為你成功的方法。

唯有透過他人的方法，你才能避免掉一些犯錯的過程，以他人為借鑒，讓你的成功道路走得更為順遂且輕鬆。

# 3-5 抉擇：選擇比努力重要

「我們的選擇，遠大於我們的能力，真正展現出我們是什麼樣的人。」

——羅琳 J. K. Rowling

## 付諸努力前先做對選擇

阿里巴巴創辦人馬雲說過：「做對的事情，比把事情做對更重要。」一個良好的開始，可以使創業道路走得更加順暢，因為方向比努力更重要，所以選對一條路，再加上努力才能事半功倍。

第一次就把事情做對的關鍵是先確定好做事的方向，唯有確立了正確方向，你才能少走一些冤枉路，快速抵達目的地。

「馬壯車好不如方向對」做事要有方向才能把事情做好，才能建立遠大的事業。人生中，最常見的阻力是：自己不知道自己要做什麼，每天得過且過。所以，若缺少正確方向的指引，往往會使一個人的一生無所作為。

春秋戰國時期，有位夫子準備了很多物品，欲前往南方楚國，他向路人問路，路人答：「此路非往楚國。」夫子說：「我的馬很壯，沒關係。」路人又強調這不是去楚國的方向，夫子依然固執地說：「我的車很堅固。」路人只好歎息地說：「但這不是往楚國的方向啊！」馬越壯、車越堅固，不就離楚國越遠嗎？

這就是成語「南轅北轍」的典故，故事中的夫子要到南方楚國去，卻執意駕著車往北走。這告訴我們：犯了方向性的錯誤，就算再怎麼努力也是枉然。

成語中那位夫子的馬壯、車也好，說明他具備了能夠抵達目的地的硬體。但如果軟體指錯了方向，硬體越好，反而讓他離目的地越遠。

在現實中，即使有些事情我們沒有很明白其本質和根源，但只要努力去做，掌握正確的方向，一定有機會達到我們期望的目標。

有兩隻螞蟻想翻越一面牆，尋找牆那頭的食物。一隻螞蟻來到牆腳就毫不猶豫地向上爬去，但每當它爬到大半時，就會因為勞累、體力不支而跌落下來。可是牠不氣餒，跌下來後又迅速地調整自己，重新開始向上爬。

另一隻螞蟻觀察了一下，決定繞牆過去，很快這隻螞蟻就繞過牆到了食物前，開始享受起來；而另一隻螞蟻還在不停跌落、重新開始。

很多時候，成功除了勇敢、堅持不懈外，更需要正確的方向，有了一個好的方向，成功來得比想像中的更快。

庸庸碌碌不去追求，自然沒有成功的機會。但如果不瞭解自己，不會尋找最適合自己方向的人，就算再怎麼努力，付出的比別人更多，最終仍是無法成功。我們可以把螞蟻前面的食物比喻為「理想」，但怎樣才能最快地獲得它呢？可見選擇明確方向比盲目地努力更重要。

堅持、努力與奮鬥是成功的基石，而明確的奮鬥方向則是成功的橋樑。愛迪生（Thomas Edison）說：「天才是1%的天分再加上99%的努力。」相信這句話大家再耳熟不過。但99%的努力是建於正確的方法、方向上，很多人只知道要盲目地拼命工作、學習；有時甚至付出超過99%的努力，但最後卻沒有達到自己想要的結果。

卡爾·弗雷德里克曾說過：「要想達到目的，首先要確定方向。」2000年諾貝爾生理學或醫學獎得主，美國洛克菲勒大學教授保羅·格林加德（Paul Greengard）也認為，作為一名成功的科學家更要具有高度的智慧，且這種智慧不單是指解決具體科研問題的能力，而是選擇出正確的研究方向；因此，選擇方向非常關鍵，有了正確的方向才能成功。

在二十世紀四〇年代，有一位年輕人，先後在慕尼克和巴黎的美術學校學習繪畫；在二次大戰結束後，他開始賣自己的畫為生。

一日，他一幅未署名的畫，被人誤認為是畢卡索的畫而被高價買走。這件事情給他一個啟發，他開始大量地模仿畢卡索的畫，而且一模仿就模仿了二十多年。

之後，他決定不再仿冒畢卡索的畫，於是來到西班牙的一座小島上，想定居、安頓下來。某天，他又拿起畫筆，畫了一些風景和肖像畫，每幅都簽上了自己的真名，但這些畫風過於感傷，有些沉重，主題也不明確，根本得不到市場認可。更不幸的是，當局查出他就是那位畢卡索的假畫製造者，雖然沒有判他永久的驅逐，但仍判他兩個月的監禁，而這個人就叫埃爾米爾．霍裡（Elmyr Hory）。

埃爾米爾擁有獨特的天賦和才華是無庸置疑的，但他因為沒有選對努力的方向，而陷進泥沼之中，不能自拔。雖然他曾因為仿效一時暴富，但他終日惶惶不安，且終究難逃敗露的結局。更可惜的是，他在模仿他人的過程中漸漸迷失了自己，再也畫不出真正屬於自己的作品。

成功，除了「努力」以外，更需要「方向」。我們今天的生活是多年前的抉擇，我們未來的生活也是今天的抉擇，抉擇一定要放在努力的前面。很多人會選擇不斷轉換跑道、換環境、換工作……或拼命地勞碌奔波，但有時不妨暫時放慢腳步，想一想：這條路真的是我「想」走的嗎？真的是我「該」走的嗎？真的是我「適合」走的嗎？如果選錯了，甚至走偏了方向，不但到不了目的地，反而會離你的理想與抱負越來越遠，甚至一敗塗地。

選擇比努力更重要，千萬別在不對的地方找你要的東西。人騎上自行車，兩腳使勁踩一小時能跑十公里左右；人開上汽車，一腳輕踩油門一小時能夠跑一百公里左右；人坐上高速火車，閉上眼睛一小時也能跑三百公里；人登上飛機，看個影片一小時居然跑一千公里。但我們並沒有改變，只是平台不一樣，載體不一樣，結果自然就不一樣了。所以選擇比努力更重要，人生的悲劇莫過於：「我們拼了命的奮鬥，卻發現一開始目標就錯

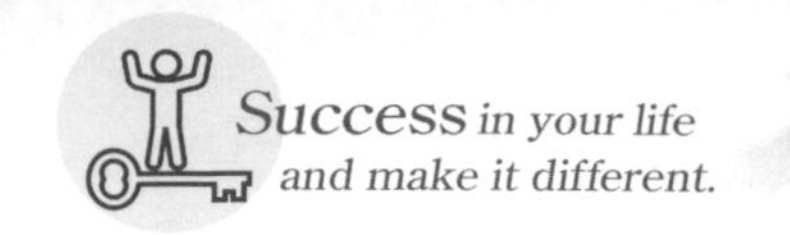


了。」因此，一開始就要做對選擇，別因為選擇而耽誤了整個人生。

## 聰明的工作比努力的工作更重要

只要選對方向，選對方法，選對方式，選對時機，有時往往不會浪費太多功夫，反而能在成功的路上更節省時間。

不少公司存在著這樣一類的員工，他們工作時埋頭苦幹，任勞任怨，但時間久了，他們只懂得埋頭工作，不懂得停下來思考，像老黃牛一樣「一根筋」地堅持到底，只曉得一味蠻幹，最終荒廢了自己的聰明才智，以至於很多本來可以辦成的事情卻沒有達成。

從前，智利有一座飽受乾旱缺水之苦的小村莊，這裡除了雨水外，沒有其他任何水源，所有村民都要從很遠的小河汲水，以供家裡日常生活所需和耕作。

為解決這一生計難題，村民經過一番商議後決定對外簽訂一份送水合約，找人負責汲水的工作。

有 A、B 兩家送水公司在得知這一消息後都表示願意承包這項工作，於是村民與這兩家公司同時簽訂了送水合約，兩家分別採取各自的辦法為村子東部和村子西部送水。

A 公司派出一名叫羅伯特的員工負責村子東部的送水任務。羅伯特在接到任務後立即行動起來，他首先在村子東部修建了一座結實的大蓄水池，然後每天在小河與村莊之間猶如鐘擺般地來回奔波，用他的兩隻水桶從河中打水運回蓄水池中。

為了保證蓄水池中有足夠的水隨時滿足村民的需要，羅伯特每天都在天還沒亮時就趕忙去挑水、送水，而且還時常加班，只為額外搬運兩百桶水。儘管一天下來累得筋疲力盡，但羅伯特看到每天領到的薪水，不但不覺得辛苦，還覺得心滿意足。

B 公司派出一名員工湯姆斯負責村子西部的送水任務，但湯姆斯在接到任務後並沒有像羅伯特那樣馬上投入工作中，幾個月的時間裡，村民都沒有見到這位送水工的身影。村子西部的居民只好先到村子東部的蓄水池中挑水，這讓羅伯特興奮不已，因為這樣他每天都可以挑更多的水，掙更多的錢。

湯姆斯這段時間到底在忙什麼呢？原來他忙著制訂一份詳細的商業計畫書，打算修建快速、大容量、低成本且衛生的送水系統。四個月後，公司老闆讓湯姆斯按照這份計畫書帶著工班和資金來到村莊，用了半年的時間修建了一條由河流通往村莊的送水管道。這半年間，湯姆斯不但沒能從村民手裡賺得一分錢，還因為投資花掉了兩百萬元的貸款，沒錢娶妻生子，沒時間享受生活。但是，管道修好之後，情況大大不同了，水渠每送出一桶水，他便可以賺到 1 分錢，他不必每天辛辛苦苦地工作，坐在家裡看電視就能賺到可觀的收入。

第二年賺回成本、還清貸款後，湯姆斯還將每桶水的價錢降低了一半，村子東部越來越多的居民紛紛到村子西部的蓄水池中挑水，湯姆斯的生意越做越好，羅伯特則越賺越少，他不得不將每桶水以半價售出，好找回人潮，但這意味他若想獲得與原來一樣多的收入，每天就要多搬一倍的水，所以他只能比以前起得更早，回家得更晚。而如此奮力地打水不僅無法掙到與原來一樣多的錢，還累出一身病，看病吃藥花掉他大筆的錢，最後只好賣車賣房，四處借錢，勉強度日，最後夫妻也分道揚鑣，離婚收場。

至於湯姆斯，他不僅買車買房還娶妻生子，而且有更多的精力和時間把生意做大做廣。他想到飽受乾旱缺水之苦的村莊一定不只這一個，勢必也有其他缺水問題的村莊需要用水。於是，他又制訂了一份新的商業計畫，打算將他這套送水系統推廣到更多的村莊，解決更多人的用水難題，每天送水幾十萬桶，為公司創造極為豐厚的利潤；當然，他也因此獲得了更多的薪水。而羅伯特在他的餘生裡仍拼命地工作，為了和湯姆斯競爭，他不得不加大勞動強度，最終還是陷入了「永久」的財務問題中。

窮忙族之所以又忙又窮，是因為他們選擇了故事中羅伯特工作的方式，整日只顧著搬水桶，追逐一天幾桶水的收入，根本沒有想到要像湯姆斯修築管道，甚至嘲笑湯姆斯第一年投入那麼多錢而一無所獲。但長遠來看，湯姆斯才是真正聰明的人，他不僅有效地解決村子缺水的問題，還讓村民節約生活用水的開支；而且對於湯姆斯本人來說，節省了體力和時間，不用每天辛辛苦苦的投入工作，就可以享受「不勞而獲」的收入。

從湯姆斯和羅伯特兩人兩種做法的對比中，我們可以看出一個人的用腦與否是職場競爭上成敗的關鍵因素。缺乏頭腦，選擇用「水桶」這簡單、直接的方式來工作，雖然可以得到立竿見影的效果，但需要你一直不停的勞作，一旦停滯下來，蓄水池便沒有水，你也就拿不到薪水。當你懂得動腦，學會及時轉換自己的思緒後，就能感到工作是輕鬆的且高效率的，你的個人價值才能得到充分的展現，同時為企業創造更高的價值，受到老闆的賞識與器重。

惠普前首席知識官（負責公司的知識管理計畫）高建華說：「惠普這樣的跨國公司不提倡員工整天努力拼命地工作，而是要員工聰明地工作，希望員工能在工作中動腦，想出更好的辦法解決問題、完成工作，從而提高工作品質和效率。」與其做一個忙碌的人不如做一個有效率的人。

所以當你苦惱於工作不能得到加薪或晉升時，不妨停下來問問自己：「我究竟是在修管道還是在運水？我是在拼命地工作還是在聰明地工作？」任何時候，只知道拼命是不夠的，一旦你的大腦偷了懶，你就可能多付出幾倍的苦力。因此，只有學會動腦筋，學會聰明的工作才能擺脫忙而無效的狀態；活魚會逆流而上，死魚才會隨波逐流。

Part 4

# 企業四大管理

我通常年初就會設立年度目標，並制定好完成目標的詳細計畫，然後每個月定期檢視目標完成的狀況，如果進度落後，代表方法不對或努力不夠，就適時做出調整。

要完成目標，就必須做對的事，做該做的事，而不是喜歡做的事，更重要的是自己要有很強的信念，嚴格要求自己，讓自己無論如何都要想盡辦法完成。

時間管理和客戶管理也非常重要，前二十名的客戶會佔全部業績80%，需要定時定點固定安排拜訪，前五名的客戶更要每週拜訪；時間管理則是要懂得見縫穿針，把每一天的時間都排得很滿，而且分配得當，若發現行程表有空檔，一定得將其補上行程，並在每週五下班前將下週的行程安排完畢。

Success in your life and make it different.

# 4-1 管理是一種科學

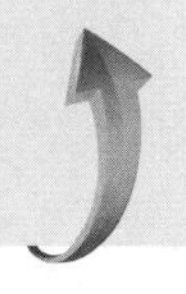

「沒有組織就沒有管理，而沒有管理也就沒有組織。管理部門是現代組織的特殊器官，正是依靠這種器官的活動，才有職能的執行和組織的生存。」

——彼得．杜拉克 Peter Drucker

## 科學就是有方法地執行

科學管理不僅僅是將科學化、標準化引入管理，更重要的是提出了實施科學管理的方法。工作中，我們都考慮著做那些正確的事，而且還要知道如何做這些正確的事；我們要學著思考如何從冗繁的工作中解脫出來，優化和改善工作流程的形式。所以，每間公司都應該有符合自己的工作流程。一個完善合理化的工作流程不僅可以把大家從繁冗的工作中解脫出來，還能大大提高每人的工作效率。那你知道應該如何優化工作流程嗎？

## 1 建立工作流程

每項工作的執行過程都有一個固定模式，這個模式可以指導當事人較順利地完成工作；例如，一提到做菜，很多人就會想到買菜跟料理。買菜是必要的，不過這個步驟和其他補充材料的過程都只是前期準備工作；最關鍵的一步是料理過程，要想做出一道色香味俱佳的菜餚，就要按照一定的程序一步步地去做，一旦哪個環節出了差錯，整道菜就毀了。比如，先將青菜在滾水裡汆燙過再放入鍋中翻炒，就能夠做出一道完美的菜餚；但如果先炒、再燙，那恐怕就會變得很難吃。一間企業在完成某項任務時也是如此，如果不按照一定的順序進行，就可能產生許多麻煩。

所謂工作流程，是指完成工作任務的順序。它包括很多內容，比如工作過程中的環節、步驟和程序等。通俗地說，工作流程就是明確地知道在執行任務的過程中，需要做什麼、怎麼做、按照什麼順序做。也就是說，你的頭腦中要有一個「箭頭」，即在面對冗雜的工作內容時，要抽絲剝繭，準確地判斷出應該先做哪一步，再做哪一步，建立一個能減輕工作壓力，並提高工作效率的工作流程。

## 2 簡化工作流程

美國奇異公司（GE）原總裁傑克·韋爾奇（Jack Welch）說過這樣一句話：「管理效率出自簡單。」很多企業都已意識到簡化工作的重要性；在面對一堆毫無頭緒、十分複雜的工作任務時，是很難有工作積極性的。所以，無論從提高工作效率還是對員工「人性化」的管理方面考慮，都應儘量簡化工作流程。

簡單管理是科學管理中的一個很好的管理模式，不僅是企業對工作的要求，同時也是對員工素質的要求，簡化工作也是優秀的員工必備的一個素質。

一個完善的工作流程不但能減輕員工的工作壓力，還有助於公司站在全域的角度來管理。清楚的工作流程可以給予公司各部門明確的任務指向，任何階段都有明確的劃分，這樣員工的執行力和工作效率才會較高。

## 3 審查工作流程

建立工作流程並簡化後，還要再進行審查甚至是重排。重排工作流程是指將所有環節按照合理的順序重新排列，或改變其他要素的順序，重新安排各作業環節的順序和步驟，透過調整各環節的作業，使作業更有條理，工作效率更高。那麼，怎樣才能保證流程的合理性呢？

- 衡量各環節的合理度：提出「何人、何處、何時」三個問題，來檢驗流程各個環節的安排是否合理。一旦發現不合理之處，應立即重新排序，使各環節都保持最佳順序，從而確保工作的順序性。
- 理清邏輯順序：工作流程中可能只有幾個環節，也可能有數以百計的作業環節，如果各環節排序不當，會造成工作秩序混亂，無形中延長作業時間；所以對於環節順序的安排是否符合邏輯、是否流暢，要積極檢查並調整。

## 彼此之間要合理分工

隨著經濟的發展，社會分工越來越細，專業化程度也越來越高，一件工作必須由多人協作才能圓滿完成。因此，要保證彼此間合作，首先要對工作進行合理的分工。

在企業中，不同工作職位的性質、條件、方式、環境不同，對人才的要求也不相同。分工時，應讓每位員工的能力特徵與其從事的具體工作相匹配。

### 1 依據員工能力分工

主管在分派任務時一定要考慮員工的能力。

一間廣告公司接到一份重要訂單。主管李甯著手安排分工，按照慣例，廣告文案設計工作應由經驗豐富的陳河處理。但這次，另一名員工張宏自告奮勇，申請設計廣告文案。張宏在公司工作已有幾年時間，一直在做一些輔助性的工作，但對廣告設計的各個環節也算熟悉。而且，李甯一直很欣賞張宏踏實肯幹的工作態度，於是決定讓他設計廣告文案。

幾天後，張宏設計出了一份草案與李甯一起討論。她發現，張宏的設計草案大致上雖然還可以，但缺乏創意，所以提出了幾點修改的意見。李甯覺得張宏剛開始做這方面的工作，經驗難免有些不足，需要慢慢來，於是不斷地給予指導。最後，張宏的設計方案雖然有所改進，但仍無法達到預期的效果；且設計方案遲遲不能確定，團隊其他成員也每天無所事事，嚴重影響團隊任務的執行。

主管李甯因為欣賞員工張宏勤勞的特質而把文案設計的工作交給他，但張宏並沒有勝任這項任務的能力，導致其他員工無事可做，不僅影響了整體任務的完成，也無法實現合作中 1+1>2 的原則。

鑒於此，在進行分工時，一定要評估員工的能力，你可以建立員工能力模型來準確判斷員工的能力。

## 2 依據員工的知識背景分工

將一項任務分配給缺少專業知識背景的員工，可能會給工作帶來不利的影響。

某公司決定招募一名財務人員，老闆將這項任務交給人事部門處理。人事主管接到任務後，按照招募流程操作，經過初試、複試層層選拔，確定了錄用人選，並通知他來公司上班。幾天後，財務部主管怒氣沖沖地來到人事部質問：「你們招來的這是什麼人啊，連做一份財務報表都出現這麼多錯誤！」

之所以會出現這樣的情況，是因為人事部並不適合應徵財務人員這項工作。通常，人事部考察得是應徵者各方面的素質和能力，但由於他們不精通財務，所以對於這方面的考察具有較大的侷限性，不能深入瞭解應徵者的實際能力（財務方面）。但如果財務部門派人一同參與面試過程，也許就不會出現這樣的情況了。

## 3 依據適度原則分工

分工的適度原則，是指分配給員工的任務既要保證他們可完成，又要兼顧公平原則。當公司需要共同完成一項任務時，一旦分配任務失衡，便會引起員工的不滿。

市場部主管李芳芳接到指示，公司將要推出一款新產品，計畫開展為期一個月的市場調查研究。職員趙林一直是市場調查方面的老手，於是李芳芳把他找到辦公室，說道：「趙林，公司需要進行新產品的市場調查，我決定這次派你負責50% 的調查問卷。」趙林雖然不樂意，但礙於主管的命令不容置疑，也只好同意。

其他同事每天輕鬆地完成自己的任務，早早回到辦公室休息，趙林卻得要加班到很晚。半個月以後，趙林有些支撐不住了，想請其他同事幫忙，但其他同事也有別的事要忙，沒有時間。

趙林滿腹委屈，就以身體不適為由，退出了外出調查的任務。

主管將極大的工作量強加給趙林，導致趙林難以承受而「罷工」。可見，一定要平衡好員工的任務量，不可強行分配任務，否則只會引起員工的不滿。那麼，應該如何合理地分配任務呢？你可以從以下方面入手。

**將任務分解、量化，這樣有助於按比例分配任務。**

- 劃分任務的輕重程度，重要的任務數量少一點，簡單的任務數量多一點，最重要的是保證每位員工都能完成。
- 分配任務時要與員工充分溝通，以消除誤會。

遇到特殊情況時，如有些任務必須由特定員工完成，一定要先與員工取得共識，並給予必要的補償。

## 制訂效率原則，傳遞時間觀念

時間就是金錢，時間就是機會。在一個快速發展的社會中，效率和時間對團隊來說是非常重要的。公司創建的目的便是要透過合作關係創造效益，實現盈利；倘若不能提高效率，就無法在競爭中站穩腳步，後果可想而知。

工作效率的提升，依靠的是每位員工的積極進取，在相同的時間內獲得更多的成果和利益；且對於大家來說，效率代表能提高工作運作的速度，減少時間的耗費。相信沒有人願意加班，且如果加班的結果和沒有加班一樣，那總體就應該思考為什麼會這樣。

### 1 權利與決策分析

一間公司的結構影響著內部的權力分配以及決策模式，成功的企業會妥善利用權力和決策來提高工作績效；績效較差的公司則不會運用權力和決策來提升工作效率。且公司層級和資訊傳達的途徑若越多越複雜，效率也會越低下。

## 2 工作流程分析

工作流程是影響效率的另一個關鍵因素，工作分配是為了節約時間，但若操作不流暢反而會變成阻礙效率的元兇，所以流程優化可以大幅提高工作效率。

## 3 人為分析

在所有阻礙效率的因素中，大家的倦怠和消極是最不應該出現的，這反應出企業的管理有失妥當。任何團隊中，都會有不積極工作，總想把工作拖延到最後才完成的員工；但千萬不可以讓這樣的人在公司中形成感染力，否則會不斷拉低大家的效率。

## 4 辦公用具分析

工欲善其事，必先利其器；利用合適的辦公用具來工作，可以大大提高效率，所以適當的引進一些工具，對於整個公司的工作效率會有非常大的提升。

但在提高工作效率這個問題上，是不是只要排除那些阻礙效率的因素就可以保證團隊效率的提升呢？其實沒有那麼簡單，效率若要提高，重點還是在管理和執行上。如果管理和執行無法達到標準，那麼效率一樣低下；通常要有一些對應的措施來改善這些問題，那在提高效率上有哪些措施是有效果的呢？

## 1 明確目標，施加壓力

在生活中，誰都想逃避壓力，但沒有壓力的生活反而讓人失去鬥志，失去前進的動力。團隊也是一樣，如果主管沒有給員工設定一些目標和要求，那麼他們永遠不會逼迫自己去承受壓力，也不會動腦提高效率。人的本性中存著惰性，但你可以透過制度的建立去消除、作改善。

公司需要做的就是替整個團隊設定工作目標，但這個目標不能遙不可及、難以實現，最好是員工在一定努力下就能夠實現。因為太高的目標會讓員工直接打退堂鼓，而適當的目標則可以激發他們的鬥志，做出更好的成績；合理的目標則能激發員工的積極性，讓他們面對困難也有能夠克服的熱情。

## 2 合適的團隊成員

對於需要提高效率的組織來說，最好具備熟悉公司業務運作和技能的人。工作中，因為某一個人不熟練造成效率低下是很常見的，所以應該要求所有員工都能掌握住職位上所需的技能。不過，若要熟悉技能，勢必需要一段時間，但這段時間是必須付出的，畢竟沒有人一生下來就懂得某種技能。所以要讓員工有熟悉的時間，然後再分配到最合適的職位上。

當然，合適的員工並不是指能力最強的人，而是最懂得與其他人合作，並且有利於整體的人。如果有一個能力很強，但不懂得合作的人加入，原本的力量可能就會被分散，效率反而大不如前。

## 3 合理安排工作

這涉及到權力和決策來改善工作流程的問題，如果在安排工作時沒有做到位，那企業的業務就很難開展下去。每個人都應該有自己的職位，但如果在安排的時候分配不夠理想，人員數量的配置不合理，造成人手不夠或者過剩，就會影響到整間公司的發展。

合理安排工作的前提是要瞭解每個人的技能和專長是什麼，避免將他們安排在不合適的位置；就像穿了一雙不合腳的鞋子無法走遠的道理一樣。不要為了彰顯公司的決策權，常常把一些不適合這個職位的人進行調動，反而造成全體效率的不彰，影響整個業務的進程。

## 4 不鼓勵加班

很多企業把加班作為一種常態，而且視為辛勤工作的象徵。其實加班是效率低下的表現，只有不能在規定時間內完成的工作才需要加班，如果能妥善、有效的利用好上班時間，工作通常都是能完成的。所以不應該把加班看成積極工作的表現，反而應該觀察員工是不是在上班時間偷懶，造成工作效率低下。

員工加班看上去好似是公司得利，其實在加班過程中所損耗的水電，浪費的材料、機器的耗損，反而都是公司的損失。且加班讓員工得不到適當的休息，第二天工作效率無法提升，不斷地惡性循環，帶來不好的影響。所以應鼓勵員工提高效率，在工作時間內把工作完成，然後好好休息，第二天才有充足的精神。

## 5 工作歸類

要讓工作有效率，就要知道什麼事情是急迫的，什麼事情是重要的。工作的時候把急迫和重要的先做完，次之則是不著急，不是那麼重要的工作。簡言之，就是將工作進行分類，把工作分成輕、重、緩、急四個類別，然後按照這些類別來安排工作的先後順序，這樣才能提升工作效率；否則只會手忙腳亂，忙中出錯。

提高效率其實就是改變時間觀念；一個小時就能完成的工作千萬不要用兩個小時，否則多出來的那一個小時就是在浪費時間。效率表現出企業的業務狀態，也就是指公司是否可以立足於競爭激烈的市場的重要關鍵；提高效率不僅是對公司負責，更是對每位同仁的時間負責。

# 4-2 目標管理

「若沒有目標跟方向，空有努力和勇氣是不夠的。」

——約翰·甘迺迪 John F. Kennedy

## 目標是行動的開始

吉拉德（Joe Girard）在演講中說：「成功沒有什麼秘訣，關鍵在於設立目標，勇往直前。」他每天都設定目標，而且是前一天就計畫好的，他說他絕不讓自己糊里糊塗，一天過一天混日子。他隨時主動出擊，連去餐廳吃飯、給小費，也不忘附上名片自我推銷，讓別人認識他，找他買車。

常說「命運掌握在自己的手中」是的，命運是個動詞，好與壞都因個人的勤奮或懶惰而造出不同的結果，吉拉德的故事就是個明證。因此，無論自己身在何處，都不要去管別人是不是混水摸魚，只有自己每天勤快捕魚，才有可能創造出豐碩的命運之果。

偉大的成功來自偉大的目標。在追求目標的過程中，免不了會有波折險阻，即使身處逆境，仍然要逆轉勝、扭轉乾坤，取得最後的成功；成

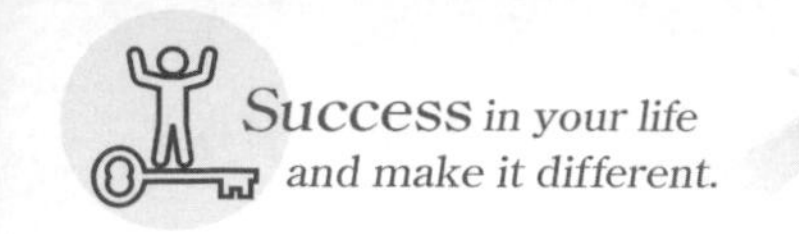


就人生的勝局與人生目標的是密不可分的，如果不能完成目標，成功就是空想。因此，我們要確立一個切實可行的長遠目標，然後透過各種方式積極行動，直至目標實現達成。

擁有明確的人生目標，你就可以避免在發展人生事業的路程中，平白浪費許多精力。為了實現夢想，我們必須盡早將目標確定，同時朝目標不斷地努力。確定目標，並非要你現實地對待任何事，也不是要你把它縮小，而是應該更大、更清楚地將目標設定出來。

約翰・戈達德（John Goddard）從小就是一個敢於夢想、敢於挑戰的人。他在十五歲的時候，將一生想要做的事寫在一張紙上，共有127項想達成的目標，其中包括去尼羅河探險，攀登聖母峰，研究蘇丹的原始部落，五分鐘跑完1.5公里，把《聖經》和《大英百科全書》全部讀完，在海中潛水，用鋼琴彈奏《月光曲》，環遊世界一周……等，雖然他已經去世，但仍是世界上最著名的探險家之一。

他的目標還有造訪全世界141個國家，在他過世前，僅剩30個國家尚未探訪過；他完成了清單中110項的目標，也完成了許多其他令人欽羨的事蹟。

他曾說過：「如果你真的知道自己一生想要什麼，你會驚奇地發現：幫助你實現夢想的機會自己會跑來。」所以別放棄實現夢想，更別阻斷了實現夢想的機會，開始設立自己的目標吧，「目標」有著巨大的力量，能逐步推動夢想的實現。哈佛大學曾做過一項追蹤調查，其調查對象是一群智力、學歷和生活環境等條件差不多的年輕人，調查目的是為了測定目標對人生的影響。而這一群年輕人當中：

- 27%的人沒有目標
- 60%的人目標模糊
- 10%的人有明確但比較短期的目標
- 3%的人有明確且長遠的目標

經過二十五年的跟蹤研究結果顯示，他們的生活狀況及分布現象十分有意思。那些占3%有明確且長遠目標的人，他們這二十五年來幾乎不曾改變自己的人生目標，他們懷著夢想，朝著同一方向堅持不懈地努力。如今，他們幾乎都成為社會各領域的成功人士，其中不乏白手起家的創業者、高階主管和社會精英。

至於那些占10%有明確短期目標的人，其社、經地位也都在社會的中上階層，且他們的共同特點是：不斷設立目標，再不斷達成。他們現在已是各行各業中不可或缺的專業人士。

而那些60%目標模糊的人中，幾乎都生活在社會的中下階層，雖然生活與工作很穩定，但卻沒有什麼特別亮眼的成績。剩下的是那些沒有目標的人，他們幾乎都生活在社會的最底層。其生活過得不如意，甚至失業，必須靠社會救濟，且常抱怨他人、抱怨社會、抱怨世界，不曾想過要改變自己，力爭上游。

調查結果顯示出目標對人生的深遠影響，而達到目標則是實現夢想

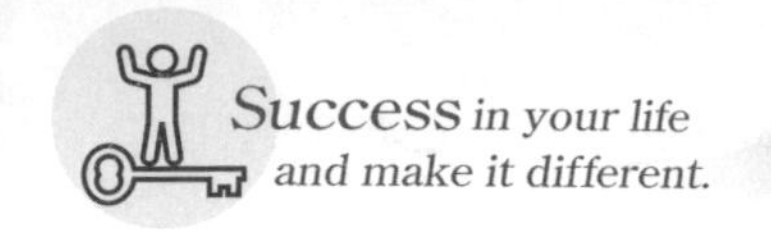


的重要步驟。

若你對成就事業有真正的決心，那就展現在「目標」上，目標比夢想更貼近現實，且易於實現；若沒有目標，便不可能有任何事情發生，更不可能積極採取任何措施。一個人沒有目標，就只能在人生的道路上徘徊，永遠到不了成功的彼岸。正如空氣對於生命一樣，目標對於成功有其絕對的必要，如果沒有空氣，沒有人能夠生存；如果沒有目標，沒有任何人能成功。所以，你必須先明確你想要的目標或是夢想。

過去或現在的情況並不重要，重要的是，你將來想獲得什麼成就。那些發展迅速的企業都有著十至十五年的「長期目標」，這就是它在這期間的「成長規劃」。那些成功的領導者們經常自我反問：「我希望公司在十年後變成什麼樣？」然後根據這個目標來規劃現階段或三至五年後應該付出的努力。任何的改變都不只是為了解決今日的需求而設計的，它必須同時滿足五年、十年後的需求。

各研究部門也要針對十年甚至是未來的產品進行研究，在那些成功的企業家身上，我們能學到寶貴的一課，那就是：「我們也應該計畫十年以後的事。」如果你希望自己在十年後能成為怎麼樣的人，現在就必須開始努力，這是非常關鍵且重要的想法。

那些終生漫無目的漂泊、胸懷不滿的人，並沒有一個非常明確的人生目標，只有不切實際的夢想。而沒有目標，就難以產生奮起直追的動力，夢想自然變得越來越遙遠。

「目標」是行動的座標，更是行動的開始。成功者絕非空洞的夢想者，他們的夢想是由各個目標所串連起來，憑著有目標的夢想，讓他們產生「不滿足」，又因為不滿足而激勵著他們加倍奮鬥，達成他們的大目標——夢想。

## 每天一個小目標

沒有精細呵護和管理，目標就無法結出成功的果實。不少人在一開始立下了目標，卻沒有成功，這是為什麼呢？他們自己也感到十分困惑：「為什麼？為什麼我沒有成功？」讓我們來分析一下原因何在。

1995 年美國政府一項研究報告指出：只有 12％的公司可以真正達到期望的目標；其餘 88％的公司，在其追求目標的過程中會碰上一些問題，以致於無法達成目標。至於一般人，能真正實行自我計畫、達成發展期望並獲致成功的，只有 5％左右而已。

這個比例實在是低得嚇人，那為什麼絕大多數的公司和人都失敗了？其實關鍵就在於他們沒有對目標進行有效的管理。

你要將自己的目標進行有效的管理，把整體目標分解成各個易記的目標，將目標假想成金字塔，塔頂就是你的最終目標，而你所訂定的各個小目標以及每件事，都必須指向最終目標，你所做的一切都是為了達成人生目標。

金字塔由五層組成，最上一層是最核心的，包含著你的人生總目標，其下的每一層則是為實現總目標而必須達到的次要目標。

一天實踐一件事，一月做一件新事，一年做一件大事，一生做一件有意義的事；目標越具體，效果就越好。古人云：「君子每日三省吾身。」

你是否經常檢查自己制定的目標？你除了要檢查自己是否實現了預期的目標，並視實際情況適時修正外，還要以目標不斷地激勵自己。

美國哈佛大學心理學家威廉．詹姆士（William James）研究發現，一位沒有受到激勵的人，僅能發揮其20%至30%的能力；但當他受到激勵時，其能力可以發揮至80%。因此，即便你的個性、能力良好，但如果缺乏前進的動力，也很難實現目標。創立「思考致富學」的拿破崙．希爾博士（Napoleon Hill）提出自我激勵的「黃金」步驟：

- 把你最想要的東西，用一句話清楚講出來。在心裡確定你所希望擁有的財富金額。如果籠統地說「我需要很多、很多的錢」是沒有用的，你必須確定你渴望得到的財富的具體數字。
- 寫出想要達成的目標。實實在在地想好，你願意付出多大的努力和代價去換取你所期望的目標，世上是沒有不勞而獲的。
- 訂出明確的時間表，規定一個固定的日期，一定要在這個日期之前，達成你既定的目標，沒有時間表，你的船就永遠無法「靠岸」。
- 擬定一個實現理想的可行性計畫，並馬上施行。你要習慣「行動」，不能夠只沉溺於「空想」。

將以上四點清楚地寫下，不要單靠記憶，一定要白紙黑字寫清楚。並且每天大聲地朗誦你的計畫內容。

人們都有一種傾向，一旦實現了一個目標，就會有一種鬆懈、釋放的感覺，不再努力，然後坐享其成。現代社會為人們全方位的發展提供了更為廣闊的發展空間，因此，一位積極進取的人，應該在實現目標之後，再為自己設立另一個新目標。不要等到達成一個目標之後，再尋找、制定下一個目標；你應該時刻在心中充滿目標，每當完成一個目標，就朝著下一個前進，不以第一個目標感到滿足。

不斷設立新的目標是一個挑戰自我的過程，也是一個不斷進步的過程。一名業務員若只滿足於賺取五十萬元的目標而不思進取、止步鬆懈，那他就不會有百萬年薪、千萬年薪，甚至更高格局的發展。所以，實現目標是一個漸進成長的過程，你要不斷地為自己設立新目標，不斷地在新目標的激勵下提升自己。

試舉以賺取薪水金額多少為目標，一位年均收入三十萬的人，如果在新的一年內替自己設立的目標是增加十萬元（達到年收入四十萬元），那麼，作為一個階段性目標，這是實際可行的。但如果他在前期並未有任何規劃，卻希望在新的一年內年有一百萬元的收入，那他就並非在談論目標，而是想一夜致富，無關成功，只想單憑運氣，如買彩券，但這種可能性太少、也太小。

人們所確立的目標，一般來說一個有遠景的目標，即內心要有一個整體、大致的總目標。而這種遠景目標，需分階段來實現，且階段性目標必須是具體、明確、可操作的。你要為每天具體定義一個小目標，並確保它的完成性，因為，小目標的完成保證了遠景目標最終的實現。

你也可以這樣勾勒你人生的藍圖，核心是「我一定要成功」，人生就是不斷地從成功走向更輝煌的成功。你可以參考下列三點，時時警惕自己是否有持之以恆，繼續朝著目標前進。

- 設定好目標，每月寫下你的人生計畫。
- 計畫好每一天，在每天晚上就先做好隔天的安排，並自我檢視當天的情況，將任何不妥處家以反思檢討。
- 持之以恆，不能間斷，即使處於人生低潮或發展不順遂時，也不要放棄。

## 確立優勢目標

有句俚語是這樣說的：「有志之人立常志，無志之人常立志。」做事一定要專注，美國一位成功學家講述了這樣一個故事：

有人想將一塊木板釘在樹上當隔板，賈金斯便走了過去，說要幫他一把。

賈金斯說：「你應該先把木板凹凸不平的地方鋸掉再釘上去。」於是，他找來鋸子，鋸沒兩、三下，又放下手上的木板，說要把鋸子磨利一點才行。

於是他又跑去找銼刀，接著又發現必須先在銼刀上安裝一個手柄，於是，他拿著斧頭去灌木叢找適合的小樹，但是要砍樹前又得先磨利斧頭。

而磨利斧頭前，需要先將磨石固定好，這免不了要製作支撐磨石的木條，而製作木條少不了木匠用的長凳，且沒有一套齊全的工具是不行的。於是，賈金斯到村裡去找他所需要的工具，然而這一走，就再也不見他回來了。

賈金斯無論學什麼都是半途而廢。他曾經廢寢忘食地攻讀法語，但要真正掌握法語，就必須先對古法語有透徹地瞭解，若沒有全面掌握和理解拉丁語，就想學好古法語是不可能的。而他發現，要掌握拉丁語的唯一途徑是學習梵文，於是又一頭栽進梵文的學習之中，然而學習梵文困難度更高，因此，最後也不了了之。

賈金斯從未獲取什麼學位，他所受過的教育也始終沒有用武之地。所幸他的家族為他留下一些錢，於是他拿出十萬美元創辦一家煤氣廠，但因為煤氣所需的煤炭價錢昂貴，致使他大為虧本，於是，他轉念一想，以九萬美元把煤氣廠轉讓出去，做起煤礦生意來。但他沒想到採礦機具的費用也高得嚇人；因此，賈金斯把在煤礦廠裡擁有的股份變賣，獲取八萬美元，轉投入煤礦機器製造業。他就像一名滑冰者，在各種產業中滑進滑出，沒完沒了，從沒有一個固定的事業。

他也戀愛過好幾次，但每一次都毫無結果。他曾對一位女子一見鍾情，直接向她表露愛慕之情。為了讓自己匹配得上她，他甚至去報名某學校開設的假日課程，上了一個半月的課，但同樣沒有結果，沒讀完整個學程。就這樣過了兩年，他要向那位女子求婚時，那位小姐早已嫁為人婦。

不久他又墜入愛河，愛上了一位迷人的女子。這位女子家中有五名姊妹，但當他到女子家裡作客時，卻喜歡上她的二妹，不久竟又迷上了更小的妹妹。最後，一個也沒談成功。

來回搖擺的人，永遠都不可能成功。賈金斯的情形每況愈下，越來越窮。他只好賣掉最後一筆股份，並用這筆錢買了一份逐年支取的終生年金，每年從年金中領一點錢出來，但如果他很長壽，那麼最後

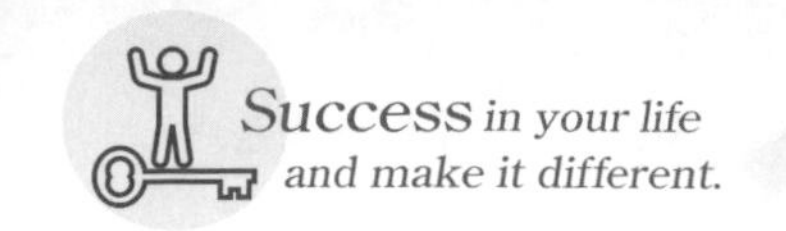


也會因為錢支領完而潦倒。社會上想改變自己處境、希望可以逆轉勝的人很多，但卻很少人會將這種改變處境的欲望具體化，轉變為一個個清晰明確的目標，並且為之奮鬥。最終，這些人的想法也僅是欲望而已。

目標對人生有巨大的導向作用。成功，在一開始便是一種選擇，你選擇什麼樣的目標，就會有什麼樣的人生。

但為什麼還是有大多數的人雖然擁抱目標卻沒有成功呢？有統計數據指出，在那些心中有理想、有計畫的人之中，真正能完成自己計畫的人只有 5%，大多數人不是將自己的目標捨棄，就只會「空想」，缺乏具體的行動力。

成功不會眷顧那些分散注意力的人，與其諸事平平，不如精通一事，這是一種規律。分散精力的人是不會成功，就像賈金斯這個故事，一鳥在手，勝於一群在林。所以，努力得要注重實效，沒有方向的努力，永遠也不可能把你帶到成功的目的地；努力必須以目標為導向，而且要朝著最近的目標努力，才容易取得成功。

以下這則有趣的故事，將告訴你朝最近的目標努力的必要性。

貝爾納諾斯（Georges Bernanos）是法國著名的作家，一生創作了不少的小說和劇本，在法國史上占有特別的地位。有一次，法國一家報紙進行了一次有獎徵答，其中有這樣一個題目：如果法國最大的博物館羅浮宮失火了，但只允許搶救出一幅畫時，你會搶救哪一幅？結果在該報收到的成千上萬份回答中，貝爾納以最佳答案獲得問答的獎金。他的回答是：「我會搶救離出口最近的那幅畫。」

對於一個追求成功的人來說，成功的最佳目標不是最有價值的目標，而是最有可能實現的目標，且那個也正是屬於你的優勢目標。只有即時準確地設立優勢目標，才不會將寶貴的時間白白浪費掉，才能以最快的速度達到成功的彼岸。當你走向成功旅途的時候，你就會明白這一點。

## 確實執行工作目標

堅定朝目標邁進的人，整個世界都會為他讓路。一個人成功的欲望再強烈，也會被不利於成功的習慣撕碎，而墜入平庸的日常生活中。所以說，思想決定行為，行為形成習慣，習慣決定性格，性格決定命運；你若想要成功，就一定要養成高效率的工作習慣，因為高效率的工作習慣可以確保工作目標確實的執行。

確定你的工作習慣是否有效率，是否有利於成功，我建議可以用以下標準來檢驗：檢視自己工作時，你是否會為未完成的工作感到憂慮，感到一股焦灼感？如果你時常因為事情未做或未做完而感到焦慮的話，那就證明你需要改變工作習慣，重新養成高效率的工作習慣。

計畫習慣，就等於計畫成功。一個人的目標即使再偉大再高遠，如果沒有以實際工作做前提，不能確實執行具體的工作為目標，成功的果實再怎麼美好，都只能是空談。所以，從現在起，制定你的工作計畫，並按照計畫去完成，以確保每一個工作目標都得以實現。

一般來說，每個人對於職場生涯規劃，必然有一些需要經過長期經營才能達成的目標，而在實現長期目標的過程中，我們務必要保持耐心、恆心、毅力，以及奮鬥不懈的精神，並時常檢視自己所做的每一件事情，是否有助於實現自我目標。告訴自己，每完成一項工作任務時，就代表你向長期目標邁進一步，因此，只要腳踏實地、全力以赴做好每個階段該做的事情，必定能實現最終目標。千萬不要好高騖遠、眼高手低，為了早日完成目標而急躁行事；畢竟，成功若沒有穩固的基礎，通常都只是曇花一現，不可謂真正的成功。

雖然無論我們採用何種方式做事，都免不了會遭到他人的批評與否定，但一個能為自我目標堅持的人，不會因此而動搖決心。也就是說，當我們在遭遇他人的否定，甚至在事情出錯時，都不要因此心生沮喪或放棄目標。因為，成功的人都是在經歷許多挫折和考驗後，才逐漸找到讓事情更加圓滿的做法，所以只要我們確定自己的目標正確無誤，並且付出行動，終將能實現理想。

有許多人認為追求成功是一件相當辛苦的事情，彷彿無論我們怎麼努力付出，也無法達到自我設定的目標。但其實只要我們清楚地設立自己的目標，運用正確的態度發揮行動力時，避免在無謂的事情上投注心力，目標大致上都能達成。雖然在實現目標的過程中，有時會因為外界產生的某些變數，使得我們需要調整目標或是做法，但無論如何，付出「行動」絕對是取得成功的不二法門。

中國有句老話：「吃不窮，喝不窮，沒有計畫就受窮。」做任何事儘量按照自己的目標，有計畫地行事，如此即可提高工作效率，快速實現工作目標。

##  具體的目標能更清楚地前進

常常聽到很多人說，我真的想成功，也想確定人生目標然後努力去做，但就是不知道該怎樣去做。為什麼會有這樣的情況呢？其實這是因為這些人不夠瞭解自己，不知道怎麼訂出一個具體的目標。

首先，我們應該要先瞭解一個清晰具體、可以讓我們前進的目標應該是怎樣的。具體的目標可以指導我們的行動，使我們產生前進的動力；目標不僅是奮鬥的方向，更是一種對自己的鞭策。目標明確了，就有了熱情，有了積極性，有了使命感。擁有明確目標的人，會感到心裡踏實，注意力也會集中起來，不再被那些繁雜的事所干擾，直至達成目標。

明確清晰的目標是通向成果的指南針。當人們的行動有明確的目標，並且把自己的行動與目標不斷加以對照，清楚地知道自己前進的速度和與目標相距的距離時，行動的動機就會得到維持和加強，人就會自覺地克服一切困難，努力達到目標。

人若沒有目標，做事時就會猶豫不決。譬如，心裡沒有目標，沒有明確的答案，在餐廳點菜時，只能聽從服務生的介紹；再譬如想買房子，但不知道自己到底要哪種的房子，東看看西看看，最後因拿不定主意，便隨便買一套……一旦你靜下心來細想，你會發現這些菜不是你喜歡吃的，房子則有著很多的問題。而人生可不是隨便點一道菜或買間房這麼簡單，

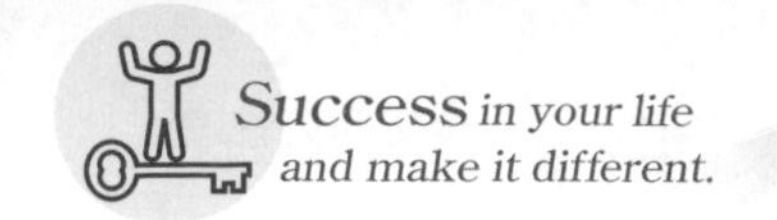


人生是一個漫長的過程，如果沒有具體的方向，必然會活得渾渾噩噩，像成天圍著磨盤打轉的驢子，日復一日地，走不出那個狹隘的天地。但如果你在心中設下目標，那你所跨出的每一步都將變得意義非凡。

富有的人，他們之所以達到成功，就是因為他們有著明確的人生目標。很多人講，我要成為富人，掙很多的錢，但我想你一定很難富有起來。因為，這都只是想法而不是目標。這樣的想法太抽象、太空泛，不具有實際的指導作用。目標是要有具體數字、時間期限、詳細的計畫、付出努力和行動，並且能依照時程衡量進度。

你可以花錢買一個精緻而漂亮的筆記本，在筆記本上寫清楚你在五年之內想要實現的財富目標。把目標寫在筆記本上後，每天看幾遍，時時提醒自己，你的大腦便會記下你的目標，並自動找出好的主意和方法讓你實現目標。潛意識會讓一個人不自覺地想到他的目標，在無意中找到實現目標的最好方案。

# 4-3 客戶管理

「我知道一件事，你們當中唯一真正快樂的，是那些沒法去服務人群，自己發現如何服務的人」

——史威茨

## 創造商機，從客戶管理做起

現今，無論是企業還個人發展，成功的關鍵在於是否能有效做好客戶管理，並靈活做出最佳且有利的回應進而創造商機。有效的客戶管理是為了集中資源優勢，從戰略執行上便開始重視、深入掌握，熟悉客戶的需求和發展需要，再計畫性、有步驟地開發，為客戶提供優質產品及解決方案，建立並維護好長久的客戶關係，替公司和自己建立和確保競爭優勢。

同時透過客戶管理，你能知道如何有效的將資源（人、時間、費用）充分投放到重要客戶上，從而進一步提高企業或是個人在各自領域的市場地位並成功簽約。

客戶管理的範疇涉及內容很廣泛，從尋找客戶來源、建立客戶關係、潛力客戶分類與篩選、建立銷售商機、對潛在客戶銷售到溝通建議與價格協商、售後服務等諸多環節的控制與管理……等都有包含，其目的是在有效客戶關係管理和維護下，為客戶創造高價值，提供最佳化解決方案，進而與客戶獲取長期、持續的效益，建立長期穩定的客戶關係，幫助公司及個人的穩固成長並確保競爭優勢。

在如此激烈競爭的時代中，經濟、政治環境存在著諸多的不確定性，為了獲利、為了生存無不想盡辦法尋求改善與轉變，與其不斷壓縮利潤殺出一條活路，不如找出客戶的需求。因此，做好客戶關係管理（CRM）是許多企業生存的命脈，也是尋求獲利的好途徑。

儘管有許多人已意識到客戶關係管理的重要性，但大多數都未能將客戶關係管理作好連結，以致於未能善用推展 CRM 所建立的客戶資產，或減低了其的重要性。因此許多企業對於實現當初推行客戶關係管理的願景有了落差，因而產生了信心危機，開始懷疑是否創造了許多的機會與可能，但其實有些不見得能夠實現，無法順利獲得實益。

因此在日常管理中，就要嚴謹地把客戶資料做好紀錄，唯有將資料記載詳細完備，才能有效地使用。

## 1 紀錄、更新客戶資料

當你接觸或是透過介紹而獲取新客戶時，記得將客戶所有的資訊記錄下來。並且隨時更新客戶的資料，如有些客戶的興趣或是需求改變，要如實的紀錄下來，但過去的資訊不建議刪除，可做為未來開發的參考依據。

## 2 對客戶進行差異分析

將各個客戶做出分類，根據市場花費、銷售收入、與公司有業務往來的時間……等，能讓未來不同人員接手時，更快進入狀況，而不是面對一些龐大雜亂的客戶清單。

## 3 與客戶保持良性接觸

隨時與客戶保持聯繫。喬吉拉德成功的祕訣就在於，他時時與客戶聯繫、保持聯絡；而且若能在特定節日送上一些小驚喜，更能打動客戶的心，提升客戶的忠誠度。你也能透過固定的噓寒問暖，因而開發出客戶不同的需求。

## 4 調整產品或服務以滿足每一個客戶的需求

針對不同的客戶，我們要施以不同的模式，盡力去完善客戶的需求。倘若是產品跟服務有問題，那就加以調整改進。

透過客戶管理，我們能有效地掌握且真正了解客戶的各種需求。把握客戶需求特徵和行為偏好，累積客戶知識，有針對性地為客戶提供產品或服務，發展和管理與客戶之間的關係，從而培養長期忠誠度，以實現客戶價值最大化和企業收益最大化。

## 讓客戶從你的服務中獲得快樂

客戶的滿意是透過你在與客戶密切交流的過程中所創造出來的。在現代社會裡，客戶服務已然成了一個口號、一種流行。喊歸喊，做歸做，有的真服務，有的矇騙顧客，有的則對服務糊里糊塗，一知半解。

這也說明了客戶服務觀念已深入人心，企業主也好，顧客也好，都理解和重視產品價值的延伸——服務的重要性。對企業來說，想賣好產品、做好市場，沒有服務不行；對客戶來說，他們對服務內容、水準的要求越來越高，若只有好產品而沒有好服務，客戶還是不會買。這也說明了，對客戶進行管理，針對性地給予服務，對各家企業來說是勢在必行；且我們不得不承認現在生意不好做，並不是自己說了算，還得問問顧客認不認同、買不買單，主動權被牢牢掌握在客戶手裡。在日益競爭的市場環境中，我們最主要目的目的就是討好顧客，努力爭取他們的垂青。

由於人們的消費觀念已從最初的追求物美價廉的理性消費時代進入感性消費時代，其最突出的一個特點就是，顧客在消費時會追求更多心靈上的滿足。因此，產品本身已被擺在次要位置，消費者往往很輕易就能找到其它在價格、品質、外型等方面相似的商品，最終決定取捨的因素是顧客對產品或對服務的滿意度、認同感。

可愛的小孩子抓著他們父母（或爺爺奶奶）的手叫嚷著要吃麥當勞，要跟麥當勞叔叔照相，這些小顧客消費的並不是漢堡、炸雞，而是希望在麥當勞的氛圍裡得到心靈上的滿足和快樂。麥當勞建立在客戶心目中的深厚感情，與麥當勞叔叔親切的微笑，服務生熱情和周到的服務息息相關。

一般在產品售出後，你可以在一週後打電話主動詢問客戶使用產品的情況，若有任何操作不清楚的地方，應立即提供周全的諮詢服務，你更可以透過電訪開發出更多潛在需求。

當你打算購買一些東西時，你是否清楚購買的理由？有些東西也許事先沒想到要買，一旦決定購買時，是不是有一些理由支持去做這件事。再仔細推敲一下，客戶購買的這些理由正是我們最關心的利益點。

例如媽媽最近換了一輛體積較小的車，省油、價格便宜且方便停車都是車子的優點，但真正的理由是媽媽路邊停車的技術太差，常因技術不好而發生尷尬的事情，而這種小車，車身較短，完全能解決媽媽停車技術差的困擾，就是因為這個利益點，她才決定購買。因此，可從探討客戶購買產品的理由，找出購買的動機，發現其最關心的利益點。充分瞭解一個人購買東西有哪些可能的理由，幫助你提早找出客戶關心的利益點。

良好的客戶服務措施或體系必須是發自內心，是誠心誠意且心甘情願的。當你在提供服務時，必須付出真感情，沒有真感情的服務，就不會有客戶被服務感動，若沒有感動，再好的服務行為與體系也只是一種形式，無法帶給顧客或客戶美好的感覺。「以贏利為唯一目標」是不少人所恪守的一條定律，在這個理念下，許多銷售人員為求獲利，會不自覺地損害了客戶利益，至使客戶對供應商或品牌的忠誠度普遍偏低。這種以自身利益為唯一目標的作法極有可能導致老客戶不斷流失，自然也會損害企業的利益。

日本企業家認為，讓客戶滿意其實是企業管理的首要目標。日本日用品與化妝品業龍頭花王公司的年度報告曾這麼寫著：「客戶的信賴，是

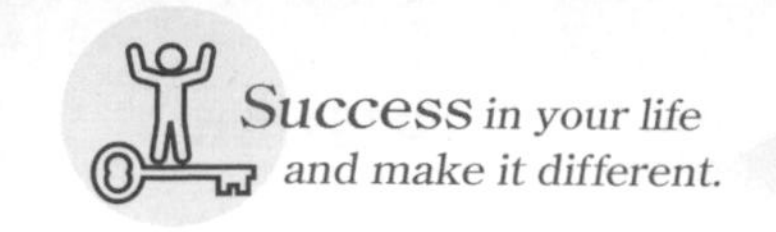


花王最珍貴的資產。我們相信花王之所以獨特，就在於我們的首要目標既非利潤，也非競爭定位，而是以實用、創新、符合市場需求的產品，增加客戶滿意度。對客戶的承諾，將持續主導著我們一切的企業決策」。

客戶滿意度不僅是某些公司考核員工的重要內容，也是企業經營的重要方針，且保持客戶長期的滿意度有利於你業績的提升，人際關係的建立。

一名替人割草打工的男孩打電話給自己的客戶陳太太說：「您好，請問您需不需要割草？」

陳太太回答說：「謝謝，不需要了，我已經有了割草工。」

男孩又說：「我會幫你拔掉花叢中的雜草。」

陳太太回答說：「我的割草工已經做了。」

男孩又說：「我會幫您把草和四周的小路修整整齊。」

陳太太回答說：「我請的那個人也已經做了。我對他很滿意，謝謝你，我不需要新的割草工了。」

男孩掛掉了電話。這時，他的室友問他：「你不是就在陳太太那裡割草打工嗎？為什麼還要打這個電話？」

男孩說：「我只是想知道我做得好不好，她對我滿意不滿意。」

客戶需要的不單是產品，產品加上服務才能為客戶產生價值，這才是客戶真正需要的。目前很多的人與競爭對手競爭的就是產品的價格，因為這是最簡單的方法。但是，真正精明的用戶不會只關心價格，只要你能將你與競爭對手的差異性轉變為客戶需求的重要關注點，客戶就會認同你；

透過價格吸引客戶購買的產品根本不需要由你來做。

讓客戶從你的服務中獲得快樂，還能為你帶來額外的收穫。對於許多老練的人來說，被老客戶推薦的新客戶是新生意的重要來源。

被推薦者屬於潛在客戶，雖然仍是陌生人，但因為是推薦者已初步認定被推薦者有其需求，因而介紹給你，所以是有可能購買你的產品或服務的。

而推薦人本身能給被推薦者帶來比較好的感受，而不是陌生人對銷售人員直接的反感。可見老客戶的推薦可以為你帶來更好的信譽，無論是否成交，被推薦者都會認為你是一個值得信賴的人。

積極主動地參與，是實現客戶滿意的基礎和根本保障。客戶的滿意需要你堅持不間斷地消除客戶不滿意因素，以超越客戶期望來服務他們。如果沒有良好的服務，一旦競爭對手出現，顧客就會毫不猶豫地捨你而去。首次成交靠產品，再次成交靠服務，你可以多多收集老客戶給你的感謝信或產品使用分享並把它們準備在你的公事包中，需要的時候可以拿出來消除新客戶的疑慮，相當有效。只要客戶管理做得好再提供適當的服務，還怕沒客戶嗎？

# 4-4 時間管理

「人們常覺得準備的階段是在浪費時間，只有當機會真的來臨，而自己沒有能力把握的時候，才能覺悟到自己平時沒有準備才是浪費了時間。」

——羅曼・羅蘭 Romain Rolland

## 學會有效管理時間

善於安排的人，永遠不會喊「忙」，因為他知道自己要什麼與不要什麼。管理時間前，首先要管理自我，發掘自己浪費時間的毛病，才能對症下藥。根據調查研究，一般人在時間方面最容易犯的毛病，包括拖延、缺乏計畫、溝通不良、授權不當、猶豫不決、缺乏遠見與無法貫徹始終等。換句話說，大部份的時間會被浪費掉都是自找的。

掌握時間最好的方法，就是從避免時間的浪費做起。「浪費，最大的浪費莫過於浪費時間」愛迪生（Thomas Edison）常對助手說，「人生太短暫了，要多想辦法，用極少的時間辦更多的事情。」

一天，愛迪生在實驗室裡工作，他遞給助手一個沒裝上燈座的空玻璃燈泡，說：「你量量燈泡的容量。」便低頭繼續手上的工作。

過了好半天，他問：「容量多少？」沒聽見回答，轉頭看見助手拿著軟尺在測量燈泡的周長、斜度，並拿了測得的數字趴在桌上計算。

「時間，時間，怎麼浪費那麼多的時間呢？」愛迪生走過來一邊說著，一邊拿起那個空燈泡，往裡面斟滿了水，交給助手，說：「把裡面的水倒在量杯裡，馬上告訴我它的容量。」助手立刻讀出了數字。

愛迪生說：「這是多麼簡單的測量方法啊，準確又節省時間，你怎麼想不到呢？還去算，那豈不是白白地浪費時間嗎？」助手的臉紅了。

有些人總是很忙碌，但也不知到底在忙什麼；相反地，有些人看起來永遠都是一副從容不迫的樣子，難道他就不忙嗎？

在英國，人們有較強的時間觀念，他們喜歡安排好每天的行程，這樣工作時就能有條不紊，休息時也能盡情放鬆。

真正懂得管理時間的人，會依事情的輕重緩急來確定時間的先後順序，當重要事件發生時，也會不慌不忙地一一處理。你對此可能也很有感悟，就算是陌生人還是熟人，即使約定了具體的面談時間，卻總是姍姍來遲，然後再頻頻道歉。沒有時間觀念的人，往往在先入為主的印象上就被扣不少分數，所以在赴約時，一定要比預定的時間更早出門，把路上如塞車、停車等可能發生的事都預先設想到。

##  做時間管理的高手

所謂時間管理，就是指用最短的時間或在預定的時間內，把事情做好；即在有限的時間和資源下實現目標最大化。

歌德（Goethe）曾說過：「善於掌握時間的人，才是真正偉大的人。」積極主動的人懂得如何掌控自己的時間和生命，而被動的人則被時間掌控生命。

魯尼為了成為一名建築師，從來不浪費分秒的時間，他抓住每一秒拼命地勤奮工作，所有認識他的人都說：「魯尼真是太會珍惜時間了。」

他把大量的時間用在設計和研究上，除此之外他還負責很多其他的事務，每個人都知道他是位大忙人。他風塵僕僕地從一個地方趕到另一個地方，對工作認真負責，以至於不放心任何人，每件工作都要親自視察才放心，時間一長，自己也感到身心俱疲。

魯尼把大部分的時間浪費在一些不十分重要的事情上，無形中給自己增加了工作量。有人問他：「為什麼你的時間總是不夠用呢？」他笑著說：「因為我要管的事情太多了！」

後來，一位智者見魯尼每天忙得暈頭轉向，卻始終沒有取得亮眼的成就，便語重心長地對他說：「人大可不必這麼忙。」

「人大可不必這麼忙？」這句話給了魯尼很大的啟發，在聽到這句話的瞬間他醒悟了。他發現自己雖然整天忙得不可開交，但真正有價值的事實在是太少了，這對實現目標不但沒有幫助，反而抑制了自

己的發展。

被一語驚醒的魯尼除去了那些偏離主方向的事情，把時間用在更有價值的事情上。不久，他出版了一部傳世之作的建築巨著，被後世許多建築師奉為建築學術的經典。

時間雖然不停地流逝，但它對於每個人來說並不是不可控制的。只要你掌握了時間的特性，就能遊刃有餘地做自己想做的事，發揮自己的最大潛能。

不要抱怨時間太短，如果一個人有了這樣的感覺，那就說明他的工作效率太低了。拉布呂耶爾（La Bruyere）說：「不會好好利用時間的人，最會抱怨它的短暫。」做事真正高效率的人從來不會覺得時間緊迫，因為他可以妥當地控制時間，將時間牢牢地掌握在自己手中。

不重視時間的人就不會合理地利用時間，時間之所以珍貴，除了它的不可重複性外，還在於它的有限性。

時間對於所有人來說是都是有限，而且不可再生的；若能在有限的時間裡做更多的事，就等於走在時間的前面，發揮時間最大的效益。

有人問富蘭克林先生：「您怎麼能夠做那麼多的事情呢，上帝也沒多給您一點兒時間啊！」

「您看一看我的時間表就知道了。」富蘭克林答道。

他的作息時間表是：

5點起床，規劃一天的事務，並自問：「我這一天要做什麼事？」

上午8點至11點，下午2點至5點，工作。

中午12點至下午1點，閱讀、吃午飯。

晚上6點至9點，用晚飯、談話、娛樂、考察結束一天的工作，並自問：「我今天做了什麼事？」

朋友說：「天天如此，是不是過於……」

「你熱愛生命嗎？」富蘭克林反過來問他，「只要你熱愛生命，就別浪費時間，因為時間是組成人的生命最關鍵的部分。」

「對於時間的安排我們要有主動性，要主動安排做事的時間，而不是由事情來佔據你的時間。」這句話真正體現了時間需要安排的重要性。

隨著生活節奏的加快，越來越多的事情需要我們來做。除了工作之外，我們還要照顧到家庭、社會、朋友等各方面的事情，往往又因不能合理地安排這些事情而影響我們的工作。有時沒有及時解決生活中的一件小事，會被迫佔用寶貴的工作時間，而打破原有的計畫，使工作效率大大降低。因此，我們要合理安排工作外的時間，避免對工作造成任何影響。

工作時好好工作，休息時好好休息，我們要明白工作不是生活的全部，生活不是為了工作，而工作是為了生活。總之，要把業餘時間和工作時間明確區分開來，一定要有個界限。如果無時無刻都在煩惱工作，你就會感覺壓力很大，下班回家時總精疲力竭卻又覺得好像還有很多事沒有做完，這不僅對你不利，對工作也不利。

然而，工作時間是否忙個不停，並不能成為界定是否有效利用時間的標準。有很多員工，表面上似乎很努力，很會利用時間，從早到晚忙個不停，但事實上，他們的工作效果並不顯著，有的甚至還很不理想。這是因為他們每天都像無頭蒼蠅一樣「瞎忙」。有效地利用時間絕不是讓自己變成「無頭蒼蠅」，而是高效率地利用時間，使每一分、每一秒都產生最大的效益。

那些善於時間管理的人，從不忘記自己要辦的事情，總能按事先計畫的步驟，如期甚至提前完成工作。他們往往能將事情辦得完美，還一副很輕鬆的樣子；但不是因為他們有超出常人的能力，而是因為他們真正懂得時間管理的技巧與方法。

一家大公司的董事長切尼就是一位能夠有效利用時間的人。他每天早上六點準時來到辦公室，先閱讀十五分鐘與工作有關的書籍，之後便全神貫注在工作上，想著某些任務需要採取的措施和必要的步驟，以及突發狀況所應採取的補救措施……等。接著，他會開始思考未來的工作計畫，這是一項十分重要的工作，他把要做的事情一一列在筆記本上，再把這些考慮好的事情——也就是他認為重要的事情，與同僚們一同溝通討論，然後做出決定立即執行，絕不拖延。

真正懂得管理時間的人，會使用預測、分配與控制等方法，排定工作先後次序、工作時間表以及分配任務。

一個人的時間是有限的，不能浪費時間在瑣碎的事情上。著名的20／80定律告訴我們：應該要用80％的時間來執行最高效益的事情，用20％的時間做其他事情。把這個定律融入工作當中，在最具價值的工作投入充分的時間，避免陷入「瞎忙」的狀態；「分清輕重緩急，設定優先順序」，是管理時間的精髓。

有計畫地利用時間，並不是要你額外增加工作時間，而是應該合理地安排最重要的工作和處理最關鍵的問題。只有把工作跟問題，安排得適時和得當，才能像機器的主軸帶動整個機器運轉那樣，促使其他事情按時完成。

工作是繁重的，時間卻是有限的，時間是最寶貴的財富。若無法合理地使用時間，即使計畫再好，目標再高，能力再強，執行再到位，也不會產生好的結果。

時間管理就是用最短的時間或在預定的時間內，把事情做好。時間對於任何人都是公平的，若想成為一位高效能的人，就必須學會管理自己的時間。

善於利用時間的人，他們不會把時間花在需要的事情上，而是花在值得做的事情上，他們往往以高於別人數倍的效率在工作。

##  要事第一，主次分明分清優先次序

如果我們想要成功，就必須把我們的時間管理做得更好，而要把時間管理好，最重要的就是做好以結果為導向的目標管理。

凡事都有輕重緩急，重要性程度最高的事情，不應該與重要性最低的事情混為一談，應該優先處理。我們目標無法達成的主因，大多數是因為把大部份的時間花在次要的事情上。所以，必須建立起優先順序，並堅

守這個原則。

我們常常會在工作中被各種瑣事、雜事糾纏，這是因為沒有掌握工作方法，而被工作弄得筋疲力盡、心煩意亂，無法靜下心來做最該做的事；或是被那些看似急迫的事蒙蔽，不知道哪些是最該做的事，而白白浪費了大好時光。一般工作中遇到的事情有的非常重要，有的可做可不做，如果你無法分辨事情的輕重緩急，把精力分散在微不足道的事情上，那重要的工作就無法完成。

我們通常會視事情的重要程度，把緊急的事情放在第一順位，優先處理那些「重要且緊急」的事情，但其實這並不是管理時間最有效的辦法。我們雖然要將事情做出輕重緩急，但要盡量避免習慣於「緊急」的狀態；否則，我們會變得跟消防員一樣，到處救火，盡做些「緊急但不重要」的事情。

如此一來，我們便會沒有時間處理其他「重要但不緊急」的事，而這些事往往都有著深遠的影響。因此，我們要避免掉進「嗜急成癮」的陷阱當中，妥善將事情分類，做好執行任務的規劃。

在分清楚什麼是「重要的事」之後，就要將「把第一位的事情放在第一位」視為首要。一件事情，如果對實現目標的貢獻很大，那這件事情就越重要，應該擁有被優先處理的特權；反之，若一件事情對實現目標的意義不大時，那它就是一件極不重要的事情，要將它延後處理。

對於前述的狀況，麥肯錫公司有提出一個見解：按事情的「重要程度」編排行事的優先次序。簡單地說，就是根據「我現在做的，是否使我更接近目標」的這一標準來判斷事情的輕重緩急。

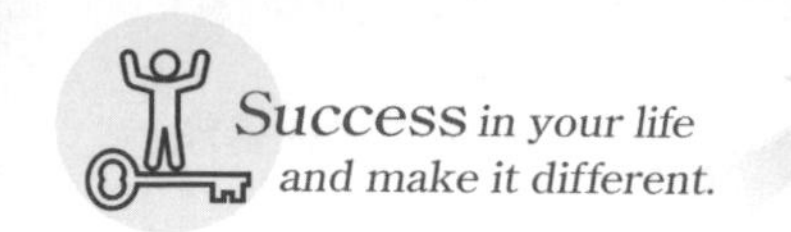


每個人都應養成「依據事物的重要程度行事」的思考習慣和工作方法，在開始每一項工作前，先弄清楚哪些是重要的事，哪些是次要的事，哪些是無足輕重的。不管從事什麼行業，一旦接受一項工作任務，就必須抓住工作的重點，當機立斷，立即行動。

有效管理時間的關鍵在於會不會制定完善、合理的工作計畫。簡單來說，工作計畫就是為自己制定一個工作時間表，在上面列出每個時間要做什麼事，什麼事必須先做，什麼事可以延後再做，而哪段時間應以哪些事為重點……等等。

哪些要在某一時間內必須完成；哪些是當天時間內完成；哪些是可做與不可做的……再一件一件地完成，不要同時進行多項工作，否則會顧此失彼，總覺得時間不夠用。

周密地考慮工作計畫，一一確定完成工作的手段和方法，預定出實現目標的進程及步驟。每項工作都要如此操作，在動手做每件事前先思考一番，大的工作有大的計畫，中等程度的工作有中等程度的計畫，小工作則有小的計畫。總之，大事小事，都要事先思考，一旦排定出完整的計畫，執行起來就會很順利。從表面看來，做計畫和思考問題可能會佔用你部分時間；但實際上，從總消耗的時間量來計算，其實節省了許多寶貴的時間，充分利用每件工作的時間。

且往往有些人容易犯這樣的錯誤：將各種重要性依次遞減的活動，把一天的時間表安排得滿滿當當的，以至於無法抽出一點兒「彈性時間」去處理工作中可能發生各種的突發事件。一旦有意料外的情況出現，他們就不得不放棄計畫中的重要工作，來應付處理這些突發事件。

任何工作都不是百米衝刺，而是一場持久的馬拉松賽，若不斷地加壓，會使你難以堅持下去。每天給自己留一些靈活的「彈性時間」，讓自己利用這些時間妥善地處理好一些較次要的事情。這樣，既可以從容地完成既定的任務，又可以坦然應對每天的挑戰。

所以，在開始每一項工作時，都先讓自己明白哪件事情是最重要的，哪件事情是最應該也是最值得花費最大精力去重點完成的，培養自己每天首先處理最重要工作的良好習慣。試著用下表的十大黃金定律，擺脫「窮忙」人生吧。

| 人生十大黃金定律 | |
|---|---|
| 1 | 思考你想要的生活 |
| 2 | 明白你為誰工作 |
| 3 | 找到「窮」與「富」，「忙」與「閒」的平衡 |
| 4 | 你必須累積財富 |
| 5 | 適時地控制慾望 |
| 6 | 明確的人生規劃 |
| 7 | 持久的耐力 |
| 8 | 良好的人際關係氛圍 |
| 9 | 培養自己的業餘愛好 |
| 10 | 不斷挑戰自己 |

# 4-5 組織管理

「說到追隨與領導，大多數組織的成功，管理者的貢獻平均不超過兩成，任何組織和企業的成功，都是靠團隊而不是靠個人。」

——羅伯特．凱利 Robert Kelley

##  專注細節管理

組織實則就是由各個團隊所結合起來，所以在管理上，應該要從團隊下手，再根據團隊類型給予不同的管理措施。細節決定成敗，有的人可能會覺得這句話把細節過度放大了，認為細節雖然會對整件事產生影響，可是不至於決定成敗；但從客觀的角度來看，其實細節有時候確實能影響成敗。從企業的角度來說，細節體現的是所有員工對工作認真的程度，也體現著公司的專業。一間不注重細節的公司會給人什麼印象呢？懶散、不專業、敷衍……總之不會是好印象，所以細節延伸出去的就是成敗。

一般人可能在大方向上有很強烈的意識，想朝好的方向走，但往往忽略了細節上的管理，使得實際的操作並不是那麼順暢。若想要成長，要

成為優秀團隊，甚至是頂尖企業，就要從小事做起。縱觀市場上很多企業，他們不是不夠優秀，也不是缺乏競爭力，而是在細節上做的不夠出色，所以彼此之間的競爭轉變為細節的競爭，誰能做好細節誰就可以擁有成功。

做好細節可以讓整體更完美，但細節並不是指瑣碎的東西，更不是一些無關痛癢的東西，因此，雖然很多人想要做好細節管理，但他們根本不明白細節管理到底應該管些什麼。

## 1 目標細節

團隊在執行任務的時候，首要便是把目標細節化。一個細化的目標，讓員工在執行的時候能有更具體的指示，才能得到更完善的結果。且目標設定的時候要根據先後、大小、主次的順序和層次來不斷優化細節，還有文字闡述、標準等等，這才是細節管理中必備的措施。

## 2 實施細節

細節應該是一個伴隨實施的過程，實施細節管理必須跟隨著工作計畫。而且這些細節必須考慮周詳，一旦發現在實施的過程中若某個環節有問題，就應該馬上改進。所以，實施細節這個部分是隨時會產生變化，而這種變化應該要能朝著優化工作的方向邁進。實施細節管理還有一個特點就是具有自發性，老闆在實施細節管理的時候不可能把每一件都管透，所以最重要的還是員工的認真、負責。

## 3 權責細節

員工的權力和責任必須要做到細節化，若無法細分，那權力和責任就會變得模糊，大家爭著使用權力，卻沒有人願意站出來承擔責任，出了問題沒有人可以負責。所以權力和責任的細節化是組織管理必須注意的，在使用權力的時候也必須承擔相應的責任。

## 4 監察細節

監督的目的是為了發現當事人不容易發現的問題，更是為了監察相關人員的工作情況。且監察工作更需要注重細節，監察本就是在別人完成大方向的工作後，再進行細節處的檢查，因此，若還不注重細節的話，那監察也就沒有必要了。

天下難事，必做於易；天下大事，必做於細。細節的成功可以讓任務或者項目接近完美，這是對公司的考驗，也是對公司的獎勵。沒有一個人是可以忽略細節仍能長成參天大樹的，所以在明白細節管理的範圍以後，就要開始進行管理，那麼我們應該怎樣管理呢？

## 1 工作標準的細分

很多公司對於工作沒有一個明確的標準，而是把標準放到員工的身上，如果他們自覺上進一點，工作效能跟成果就會提高一些；但如果工作積極性不高，就很可能用應付的態度來做事。人都是具有惰性的，很少人能在無監督的情況下還用心做事，所以設立工作標準是非常必要的。

且工作的標準必須有一個非常詳細和具體的表述，比如一位清潔工的打掃工作怎樣才算好呢？規定地上不能有垃圾，檯面不可以有灰塵……這些就是細節，對於工作標準的細分。有了細節，大家就知道應該做到怎樣的程度才能確實的完成工作。

## 2 管理不可過於制式

細節雖然可以用文字來表達，但卻不可以過於生硬和教條。沒有一套適用於所有企業的細節管理辦法，只有靠我們不斷地摸索，不斷地博採眾長，吸取經驗，才能做到融會貫通。

每間企業都有區別於其他公司的優勢和劣勢，而且大家掌握的資源也是不同的，所以我們在細節的處理上也要有不一樣的管理。而且細節必須根據實際情況來制定，一旦發現這個管理方式不利於發展，就要馬上更改，細節管理就是為了讓公司更好。

## 3 細節的深度

細節應該存在於每一項工作之中，尤其是關鍵性的工作、重要的工作跟關於形象的工作都必須要有深入的細節處理，因為這些是體現工作能力的地方。而那些不需要那麼詳細的地方，我們就要把細節的度放淺一些，這麼做的目的不是偷工減料，而是減輕員工的負擔。他們每天需要關注的東西非常多，倘若還要花時間來處理一些小問題，就會造成重要工作做不好，影響整體的效益。

不同的工作要有不同的細節管理，不能夠芝麻西瓜都要管，魚與熊掌不可兼得，最好的辦法就是捨棄不適合自己的東西。

## 4 逐步完成

細節管理不光是一項任務，它更是一個長遠的過程，而且細節的培養需要一段時間，不可能一蹴而就；管理的條文可以在幾天之內制定出來，但培養員工形成細節處理的習慣，是一個漫長的階段。

細節管理可以分階段實施，讓每個人達到基本的層次後，再向更高的層次進發。所謂欲速則不達，我們需要形成的是一個細節管理的習慣，過快只會形成表面的東西，無法深入到內部。所以在實施的過程中，可以適當地分層次，這樣才能保證細節深入到公司各個角落。

## 5 瑣碎和細節

細節是整間公司最有價值的部分，而不是雞毛蒜皮的事情。如果把所有毫無意義的事情都歸為細節，那麼就會有一種繁重、複雜的感覺。大家無法輕鬆快樂的工作，導致在執行力上變得笨重無力。

一間企業如果一直糾結於瑣碎事情上，會使團隊的執行力被束縛住，想要掙脫卻又動彈不得，想要前進卻又窒礙難行。執行力應該在有價值的細節上體現，這才是執行力得以施展的舞台。

市場越來越公開透明，企業賺取微薄的利潤，還要面對眾多的競爭者，使得每家企業成敗的關鍵在於細節。而一個細節的失誤就可能造成巨大的損失，所以細節管理對於任何一個組織來說都是非常必要的。

細節管理是執行力強化的保障，無論是什麼樣的公司，如果在執行中不能注重細節，就容易導致整個執行過程的失敗。雖然細節不是執行成功與否的標準，但卻是影響成功的重要因素。

## 解決最重要的20%，力保執行品質

相信很多人都聽過二八定律，指得是世界80%的財富都集中在20%的人手中。而在一個任務的執行中，通常只有20%是非常重要而且必須完成的，所以整個團隊應該要用80%的力量來執行。

並不是說其餘的80%就不重要，他們對整個任務和目標的完成也具有重要的影響作用。但從整個任務來看，不應該什麼都是重要的，什麼都是必須實現的。因為若要把任務做到完美有很大的難度，所以我們應該抓住最重要的部分，集中力量達到最佳效果，這樣才能從整體上保證執行力的品質。

很多時候不是不知道應該要抓什麼重點，而是不知道什麼才是最重要的，一旦在過程中產生疑惑，執行的效果和品質就會被嚴重影響。那麼，現在就來看看到底什麼在管理中是最重要的？

### 1 自我檢查

這是執行中最重要的事情，每個人都應該要有一個自我檢查的習慣。自我檢查的目的是找到執行中的問題，其關係著整個團隊在執行中是否抓住了最重要的一點。不同的企業有著各自的問題，這些問題需要透過自我檢查的方式找出來，這樣才能以最省事的方法達到最有效的成果。

## 2 溝通至上

很多人對於溝通存在一種錯誤的想法，總認為自己不用說，別人就知道該怎麼做。當然，這是一種理想化的境界，但現實中很難有這麼契合的組合，所以彼此之間還是需要溝通。溝通能讓大家在行動的時候有相互配合的行動力，有一致的方向性；且通常無法完成最重要的20%就是因為溝通的問題。

## 3 技術突破

有些團隊的執行力必須依靠技術的突破才得到實現，因此整個企業的重心應該放在技術突破上。而技術的突破通常不是輕易就可以實現的，它需要更多專業的知識，有時甚至需要領域中專家權威的協助。如果在需要技術的時候花費更多的時間和精力在宣傳和銷售上，那就是本末倒置。

## 4 員工素質

很多時候，員工素質決定了整體的素質，如果員工素質不夠好，那實際結果就會與預期的產生很大的落差。比如在一個銷售過程中，同類競爭產品的性能、價格等都沒有太大的差別，這個時候就需要銷售人員用銷售技巧來拉開銷售量，如果不重視人員的素質很可能就會落後對手一大截。

## 5 目標核心

在執行之前，通常每個人都會先制定一個目標，那這個目標的核心就是最重要的那 20%。目標核心是重點中的重點，因此，你必須將大部份的精力和資源投入於目標核心，這樣才能抓住重點，保證品質。

而組織管理其精髓就在於贏的策略，對於每個人來說，執行力中最重要的那 20%可能各不相同，有的是溝通，有的是技術，但不管是什麼，最重要的是要能找到重點。我們做事要分輕重緩急，如果能集中力量去應對最重要的 20%，那麼整個公司的品質就可以得到提升，資源也可以得到最大化的利用；因此，妥善利用贏的策略才能解構出最有效的方式。

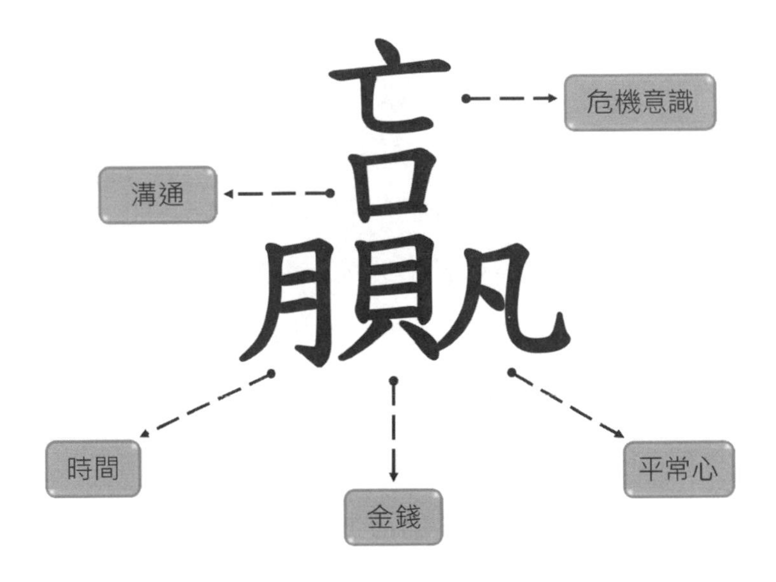

但要找到核心的20%並不是一件容易的事情，這對很多人來說是一個挑戰，且更重要的是，你是否能妥善執行那20%的重點？而這就需要看看你在執行中如何應對重點問題了？

## 1 集中力量

從二八定律可以得出這樣一個結論，工作中有20%是重要的，所以我們應該用80%的資源來支撐。如果資源投入不夠，執行的力量就會變小，結果自然會變差。因此，若想要突破重點，獲得較高的品質，你就需要花費更多的精力和資源。

而這也是辨別一個人成功與否的關鍵，成功的人，在面對重點和難題時，會集中所有的力量來攻克；而平凡的人，則不能馬上調動資源集中攻克執行中最重要的20%。

## 2 時間分配

執行不光是簡單的把事情分割，還要懂得分配時間。如果時間分配不當，就會造成工作量多的時候忙得要死，閒的時候又無所事事。這樣的工作節奏會讓你進入一種不規律的狀態，其他人可能也無法配合你的工作節奏。

工作其實和人的生理時鐘一樣，需要有一個調整的過程，如果長時間無所事事，突然要進入高速運轉的狀態是很辛苦的，員工無法進入工作狀態，不要說效率，就連工作品質也難以保障。所以，時間的分配應該遵循主次和輕重的原則，對於比較重要且難度較高的工作應該要分配更多的時間。

## 3 人員配置

在執行的過程中，若能妥善進行人員配置，可以有效地緩解工作壓力，增加工作進度。譬如說，把兩個比較合拍的人分配在一起，他們的工作效率就可以得到提升，但如果把兩個很難配合起來的人員組合在一起，就會產生副作用。

員工分配考驗著領導者對員工瞭解的程度，如果你可以瞭解每個人的能力和性格，那在分配上就會比較省事。較核心的任務，要找一些具有責任心，能相互配合的人員，而且人數一定要達到可以完成工作的標準。再能幹的人在面對數量極大的工作的時候也不可能一人完成，所以一定要保證人手充足，這樣才有足夠的人力執行任務。

## 4 重視

既然是任務的重點，就應該得到重視，如果不重視，那就很難達到良好的結果。所以在任務執行的過程中，你必須對那重要的20%擁有一定程度的重視。

且這個重視不僅需要領導的監督，也需要員工的細心、負責。整個團隊從思想意識上就要有很強的企圖心，有決心把20%做好，而且是絕對要做好。

我們做事的時候需要掌握主要內容，需要重視主要的問題，與其對每件事情都花費相同的時間和精力，卻沒有太大的效果，倒不如把時間做出分配，將更多的時間和精力投入到更重要的事情中，以便獲取更高的效益。雖然公司、團隊是由一群人組合而成，可以兼顧到很多事情，但一項任務不可能做到百分之百，所以，如果為了顧及那些不太重要的部分而忽略了核心，那成果也會大打折扣。因此，執行最重要的關鍵就在於抓住任務中最重要的20%，這樣的效率可以提升200%，最後得到的成功也會提升好幾倍。

Part 5

# 成功決勝力：執行力、領導力和銷售力

如果你問我在三十六歲就擔任美商半導體副總裁，有什麼秘訣的話……我想就在於三個重點：

計畫

無論做任何工作，我們都要事先考慮清楚，當我們把每一個細節都做好，就離成功不遠了。因為事情的不完美，總是出現在我們常忽略的小細節中。

而銷售成功的另一個關鍵就是做好計畫，列出要完成的流程，方法等，然後再加上執行力，才能有效的按照計畫進行。

Success in your life and make it different.

# 5-1 領導是一種藝術

「大多數領導者的挑戰，不在了解該如何實踐領導，而在如何實踐他們對領導的了解。」

——馬歇爾・葛史密斯（Marshall Goldsmith）

## 領導力＝藝術

帶團隊就是帶野心、帶夢想、帶欲望、帶狀態。在現今的大環境下，無論是市場還是職場，各種競爭都異常地激烈。領導者作為一個團隊或企業的掌舵人，除了具備專業技能外，還必須具有較高的職業道德和職業修養。換句話說，也就是擁有以身作則的正能量和領導力，行為和習慣都充滿著榜樣。因此，領導者必須走在員工的最前面。

走在前面，是成功的領導者身上最常見的一種基本素質。好的領導者一定要以身作則，將每件事情做對、做好，這樣才能激勵大家充滿幹勁，率領他們更有效率地完成工作，進而受到大家的愛戴和支持。

在企業中，老闆的一言一行通常都會對其員工起到榜樣的作用。這種榜樣的作用來自下對上的信任，即你的員工相信你具有他應該具備的智慧和品質，有著共同的願望和利益，從而願意學習並跟隨他。且這種作用與一個領導者本身應具有的優秀素質（政治素質、知識素質、能力素質和心理素質等）是分不開的；而且這還要求領導者要同時具備特有的管理風格，善於樹立威信，展現個人魅力的管理藝術。

領導的過程，其實就是影響他人合作和達成目標的一種歷程。「印度聖雄」甘地就很支持這種說法，他說：「領導就是以身作則來影響他人。」一個人之所以能心悅誠服地為他的團隊或公司賣力工作、奮鬥，大多是因為他們擁有一位「魅力」逼人的領導。優秀的領導就像磁鐵般凝聚著大家的心，激勵著大家勇往直前。

有一位頗為成功的領導者曾直截了當地說道：「在現實世界裡，每位成功的領導者，都具有特殊的人格魅力，無一例外，他們不僅具有激發員工工作意願的能力，又具有高超的溝通能力，善於曉之以理，動之以情，渾身散發著魅力。運用獎賞或強制力管理，也許有效，但如果你想提高自己的領導魅力，贏得眾人的尊重和喜愛，你就要盡最大的努力去影響和爭取員工的心。誰能做到這一點，誰就能成為一位成功的領導者，就能完成許多艱難的任務。」

在企業或組織的危機時刻，領導者的行為表率激勵作用尤為明顯。除了在企業或組織利益危機時刻的行為表現很重要外，領導者的日常工作作風和工作習慣也對員工有著激勵作用。

因此，身先士卒、以身作則對員工有非常重要的影響作用。好的領導才能，特別是個人魅力或影響力，才是能真正促使員工發揮潛力的關鍵所在。

好的領導必須走在部屬的前面，為員工作出表率。一方面要以身作則，率先垂範，做大家的榜樣；另一方面，則要善於培養和樹立公司中的行為楷模來激勵員工。所以，領導不僅要靠領導魅力，它更是一門藝術，需要你去修習。

##  如何定位領導力

領導力是能力的大綜合，無論是做人還是工作，能力的高低直接決定著領導力的強弱。領導者雖然位於金字塔的高階層，屬於成功者的那群人，但他們並不是完美的聖人，在現實中也存在著種種的不足；所以只有不斷地完善自己，才能培養出名實相符的領導力。

領導力是一門綜合性很強的學問，也是一套系統，那麼領導力到底是由哪些系統或元素組合而成的呢？

### 1 眼光

作為領導力的其中一部分，眼光代表的是領導者對未來的預測和判斷，是其如何帶領團隊開拓未來的能力。而眼光的好壞又是自身累積和進步成果的一種體現。

### 2 感染

領導的魅力在於感染，而感染又在於你是否有堅定的信念、崇高的

人格、令人敬佩的大智慧。它存在於每一個細節中，也存在於你散發出的特質裡。

### 3 決策

這是團隊遇到問題和突發事件時領導者必須具備的能力，而且決策必須在有效的時間和空間之內完成，也就是說決策必須是果斷且有效的，你必須有準備、能防範、可化解……等多種應對措施。

### 4 掌控

領導者的核心即是掌控，但我們這裡說的掌控不僅僅是針對員工，其包含團隊的發展、前景的預測、局勢的駕馭，這些都應該在領導者的掌控之中。

### 5 影響

影響力可說是領導力的核心，在任何一個團隊，如果主管沒有影響力，都會變成一堆散沙；若團隊成員各自走著不同的方向，就是因為你沒有影響力可以作為指引。

這「五元素」在發展的過程中不一定能做到齊頭並進，它們有的是領導者的優勢或劣勢，這也解答了本小節開頭提出的問題；領導者都具備著一定的領導力，但它會隨著「五元素」而產生變化，當「五元素」實力都較大的時候，其領導力就會跟著強大；當「五元素」較弱的時候，領導力相對就會弱一些。

根據領導力的強弱，我們又可以把領導力分成六個層次，從這六個層次中，你能發現自己領導力的不足，然後對應自己較薄弱的劣勢進行強化和提升，讓領導力隨之成長倍增。

## 1 基礎層次

領導力的基礎是職位和權力，也就是說，你必須在擁有權力和職位的前提下，才得以施展領導力，而且權力必須是實質且強硬的。因為這個層次的領導力屬於較低階級的層次，本身就缺乏領導力中的「五元素」。因此，現階段的領導者通常很難和有才華的員工合作，他們會無法接受你過於強硬的領導風格，所以無論是在哪個方面，這個階段的領導者都必須先加強自我的修養。

基礎層次就像是原始社會，缺乏各種領導技巧，是每位領導者必經的過程，順利度過的人會大大提升領導力；但如果不能有所進步，反而會轉變為非常粗暴的管理模式，令員工難以接受。

## 2 願意被領導層次

這個層次相較於基礎層次，領導力在感染方面已有所進步，員工自願被指揮、管理，且這種自願並不是出於職位的和權力的脅迫。這個層次的領導者在部分員工眼中可能已是一位好主管，但對於整個團隊來說，卻不一定稱職；因為從好的定義來看：你可以是位好說話的主管，也可以是位承擔責任的主管，更可以是不會使喚人的主管。但對於一個團隊來說，好說話並不表示能夠控制員工；而承擔責任的主管則可能讓員工覺得自己毫無責任壓力，工作愈發隨便……諸如此類的領導者其實對於團隊的長遠發展或對員工栽培都是不利的。所以，處於這個層次的領導者在眼光、掌控、影響等方面還不夠優秀，在應對團隊危機的時候，有可能會出現弊端、產生問題，要小心提防。

## 3 才能征服層次

這個層次是對五要素中眼光和決策的考驗，領導者因為具有常人不可企及的能力，進而吸引有才能的員工追隨。而領導者的才能，可以帶領團隊從一個高峰走向另一個高峰，讓團隊成員有強烈的成就感和認同感；因此，領導者的才能，將決定團隊可以走到什麼境界，獲得怎樣的成就。

雖然才能是領導力的一部分，但現實中，其實有很多主管的才能遠不及於少數員工，所以你要懂得善用他們的才華，為自己建立領導能力；重視有才能的員工，讓他們有施展才華的空間，不但能讓你的力量更強，也是鞏固地位的一種方法。

## 4 機會層次

我們都知道，比別人懂得多的人，才具有傳授知識、技能的資格。從整體來看，老師一定會比學生懂得多，同樣地，領導者相對也比員工懂得多。

但作為一名優秀的領導者，在達到一定水準後，應該將機會分散給員工，讓他們能從實踐中獲得更多的知識和技能。如此一來，你才能在掌

控力上得到更多的資源支援，且員工也會因為獲得機會，工作時更充滿熱情和創造力。

若想達到這個層次，你就必須有強烈的自信心和寬厚之心，強烈的自信心促使你敢於教授員工更多的技巧；而寬厚的心則讓你願意為員工提供更多的機會。長久下來，你的眼光會更加深遠，掌控更加自然，把一切都看在眼裡，又把一切都掌握在自己手裡。

## 5 危機處理層次

這個層次的重點在於決策，雖然很多時候團隊不一定會遇到很嚴重的危機，但危機來臨時，領導者的重要性就會突顯出來，這個時候就算是槍林彈雨也必須站到最前線，否則你之前的行動、語言都是空白和虛無的。

面對危機的時候，你可以廣泛徵求員工意見和處理的辦法，但最終的決定權在你。身為領導者，必須考慮大局和長遠利益，任何決策都要有高瞻遠矚的意識；而且必須以果斷的姿態，將行動作為解決問題的第一步。

## 6 人心所向層次

此階段為領導力的最高層次，五個元素都相對強大，領導者能把領導力發揮出一個完整的體系。所以你只要在細節上不斷地完善這五項元素，那麼就能邁向更高層次，能力持續地提升，領導力越高，領導效果越好。

其實每個人都具備領導才能，若要把才能轉化為領導力則需要從低層次做起，慢慢累積自己的能力，邁向領導力的更高層次；而在這過程中，你可能需要放下身段，從工作和生活中不斷學習，只有學習才能讓領導力不斷增強。

且你可以在學習的過程中，不斷調整、修正你的領導方式，找到一個最適合於你的方法，有效統領團隊。

# 5-2 成功的關鍵在執行

「我們生活在行動中，而不是生活在歲月裡：我們生活在思想中，而不是生活在呼吸裡。」

——菲・貝利 Philippe Bailey

## 執行力決定競爭力

執行力是競爭力的核心，是把企業戰略、規劃轉化成為效益、成果的關鍵；而執行力決定競爭力，只要增強執行力，便能提高競爭力。競爭的優勢，並不在於你如何做好事情，而在於你是否具備做好這些事情的執行力。

核心競爭力就是所謂的執行力，若沒有執行力，就沒有核心競爭力。關於核心競爭力，你必須弄清兩個問題：第一，什麼是核心競爭力；第二，核心競爭力靠什麼來保障。

強生公司總裁拉爾夫・拉爾森表示：「如果不能被實施的話，再縝密的計畫也一文不值。」

執行是否有力事關企業生死存亡。因為一間企業即使有再好的戰略、再詳細的規劃，但無法將這些戰略規劃執行到底，那麼所有的戰略規劃也永遠不可能實現。無論是企業裡的高層、中層還是基層，若每個人都能保質保量地完成自己的任務，就不會出現執行力不強的問題；一名執行力強的員工無論在哪個環節或哪個階段都會做到一絲不苟，確實把任務執行下去，只有這樣的員工才能成為勝出的卓越員工。

「執行，不找任何藉口」聽起來好像有點兒冷漠，沒有人情味兒，但卻是卓越員工必備的素質。無論什麼樣的工作，都需要不找任何藉口、確實執行的人。

曾有一家企業因為經營不善導致破產，後來被德國一間集團收購。剛開始公司所有人都翹首盼望著德方能帶來什麼先進的管理辦法。但出乎意料的是，德方只派了幾個人來，制度沒變，人沒變，機器設備沒變。他們只提了一個要求：把先前制定的制度堅定不移地執行下去。結果不到一年，公司竟然轉虧為盈。

德國企業的絕招是什麼？仍然是執行力。戰略與計畫固然重要，但只有執行力才能使戰略與計畫體現出實質的價值；只有執行力才能將戰略與計畫落到實處，並有效的進行整合。如果失去執行力，組織和個人等於失去了競爭力，同時也失去了長久生存和成功的必要條件。

一家知名公司的總裁要到美國與其他公司進行商務談判，還要在一個國際性的商務會議上發表演說。為了能夠圓滿完成談判任務及演說，總裁的兩位秘書十分忙碌。劉晶負責演講稿的草擬及一些相關事

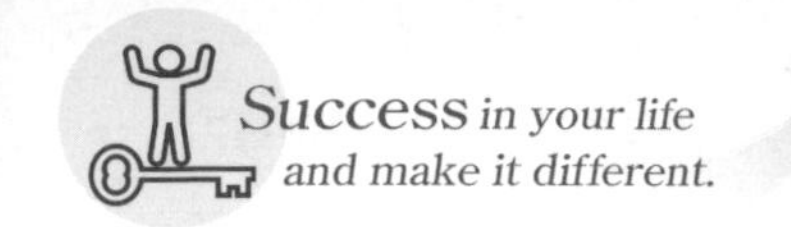


項，秦敏負責擬訂與美國公司談判的計畫。

就在出國當天早上，一位主管問及劉晶準備的情況。她睡眼惺松地說：「我為了總裁這次出差嚴重睡眠不足，昨晚一不小心就睡著了。反正我負責的文件是用英文撰寫的，總裁也看不懂英文，等他上飛機後，我再把文件打好發送到他的信箱裡，這樣他下飛機剛好可以過目。」

誰知總裁一到公司，就問劉晶說：「你負責的那份資料呢？」

劉晶如實地將自己的想法告訴了總裁。總裁聞言臉色大變：「怎麼會這樣？我已經計畫好利用在飛機上的時間，與同行的外籍顧問研究報告和資料，怕白白浪費了在飛機上的時間呢！」總裁十分不滿意劉晶的表現。

到了美國之後，總裁與隨行主管討論秦敏擬定的談判方案，發現整個方案既全面又有細節重點。既包括了對方的背景調查，也包括了談判中可能發生的問題和策略，還有如何選擇談判地點等很多細微的因素，大大超出總裁和眾人的期望，是一份十分完美的方案。

後來談判的過程雖然艱難，但秦敏的方案對各種可能遇到的問題都事先做了充分的準備，所以公司最終仍贏得了這次談判。

因為這件事，秦敏受到公司的褒獎並被委以重任，而劉晶則開始被冷落。

由此可知，執行力的差異所帶來的結果差異是驚人的。劉晶因為執行力的不周，導致準備工作不足，使總裁的演講不盡完美；而秦敏認真周密地制定了談判方案，使得公司在談判中爭取到主動，最終取得了談判的成功。

比爾．蓋茲（Bill Gates）曾坦言：「微軟在未來十年內，所面臨的挑戰就是執行力。」可見執行力對企業的重要性，諸多事實皆證明，凡是發展得又快又好的頂尖企業，都是執行到位的企業。就連全球網路設備業規模最大的思科公司，它們雖然具有壟斷市場的關鍵技術，但總裁提及公司成功的主要原因時，也認為成功不在於技術，而在於公司、員工的執行力上。

執行力決定著競爭力，卓越員工在工作中堅持高效地執行，不找藉口、不推諉、不打折扣，以自己的執行力帶動公司競爭力，使公司在競爭中處於不敗之地，公司的勝出也就意味著個人的勝出。

## 早一步行動，多一分機會

對一個企業來說，善於思考、早於他人行動的員工，以及注意觀察市場、研究市場、分析市場甚至把握市場，凡是提前完成工作的員工，便是企業的卓越員工。

每位員工都想在工作中獲得升遷的機會與更多的收入，而與其說這個決定權掌握在老闆手中，不如說掌握在自己手裡。

在一間公司，許多人會認為只要完成工作本分和主管交代的任務，就算大功告成了。雖然這樣想並沒有錯，但如果你想要實現自己的目標和理想，光有這兩點是遠遠不夠的。你要比別人早一步行動，才有比別人多一分勝出的機會。

福特公司的廣告策劃副經理羅斯．羅伯特透過對市場深入的調查發現，汽車市場中，女性購買者占65%，但福特公司有60%的雜誌廣告是針對男性做的，針對女性做的只有10%；因此，他決定將60%的廣告目標投向女性。之後，等到董事會意識到女性市場的重要性時，他們驚喜地發現，羅伯特已著手在準備此事。他把事情做在前面，比別人早一步行動，因而為福特汽車贏得了巨大的先機，不久，羅斯．羅伯特便被董事會提升為部門經理。

像羅斯．羅伯特這樣的人，不僅善於發現契機，更能在別人行動之前就抓住契機。而老闆就偏愛這種比別人早一步行動的員工，倘若羅斯．羅伯特與其他人一樣，只是亦步亦趨地跟在老闆身後的員工，就不會主動地進行市場調查，更不會果斷地將廣告投入女性市場，他也不可能得到老闆的賞識和重用。

林忠從科技大學畢業之後直接進入了一家國內知名企業，很快就晉升為主任工程師，一年後便成為公司最年輕的副總裁。他之所以能如此迅速獲得拔擢，原因在於林忠對技術的發展趨勢十分敏銳，總能及時地給主管們提供具有前瞻性的建議；同時，他也是技術專家，總能解決技術專案的開發難題；且當其他員工還在為一個產品成功上市而興奮時，他已經為公司提出新的建議，著手開發下一件產品。當公司正在為解決某些問題而焦慮時，總能驚喜地發現林忠早已動手解決；像林忠這樣的員工，無論在哪家公司都能受到老闆的青睞，在職場上的勝出是必然的。

無論是公司的大目標也好，還是員工的小目標也罷，為公司創造財富這一共同的目標應該是一間企業的共識。一名受賞識的卓越員工，若只著重於自己的職責是不夠的，且優秀員工的可貴之處便在於，他能早於老闆或其他員工提出並實施有益於公司發展的發想和創意；能做到這一點的員工，無疑能獲得更多的勝出機會。

積極主動、提前行動是職場極其珍貴的特質，它能使你在職場中變得更加敏捷、更加能幹。永遠做到比別人早一步行動，老闆就會更加賞識，獲得更多的機會，就可以從激烈的競爭中脫穎而出；以這個理念為基準，重新審視我們的工作，工作就不再是一種負擔，即使是最平凡的工作也會變得意義非凡。

早一步行動、善於創造機會的人，才能從平淡無奇的生活中找到無限的機會。同時，採取積極的行動，想方設法去改變自己的處境，就可以讓你的人生在平凡中散發出輝煌。

## 坐而言不如起而行

少說多做，少談一些空想，多做些實際行動。成功不是空想出來的，而是在行動中一步一步總結出來。

一個老鼠洞裡的老鼠越來越少，因此，鼠老大派一隻行動靈敏的小老鼠去外面查看到底發生什麼事情。

小老鼠慌慌張張地回來報告說：「老大，大事不好了！外面有一隻又大又兇的貓，每天吃了好幾隻老鼠。」

於是，鼠老大決定率領三隻體型最大的老鼠去與貓較勁，但一回合還沒打完就敗下陣來。所以鼠老大又帶了三隻最狡猾的老鼠想去騙

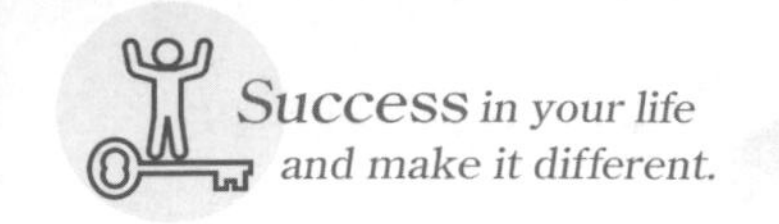


貓，結果偷雞不著蝕把米，老鼠又被貓給吃掉了。

鼠老大看著同伴們一個個死去，急得像熱鍋上的螞蟻，左思右想，終於想出一個辦法。他召集所有的老鼠說：「誰能想出對付貓咪的辦法，我就把老大的位子讓給牠。」

重賞之下必有勇夫，這時一隻米灰色的老鼠說：「雖然我們打不過那隻貓，但如果給貓戴上鈴鐺，只要貓一靠近，我們就能馬上知道。」老鼠們都覺得這是個好辦法，鼠老大也認為不錯，於是就把位子傳給了米灰色的老鼠。

過了幾天，又有老鼠被貓吃掉了。鼠老大心覺納悶，便質問米灰色老鼠：「這是怎麼回事？不是說給戴上鈴鐺就沒事了嗎？」米灰色老鼠支支吾吾地不知該如何回嘴。

旁邊另一隻老鼠替牠回答道：「那是因為牠根本就沒有去給貓掛上鈴鐺，牠怕會被貓吃掉！」

而這就是空想的結果，明知道不可能達成的事情，就不要去空想；而可以實現的事情，想了就要去做。

偉大的計畫往往因為不去實踐而變成一堆廢紙，所以，無論什麼事情，如果你確定了，就要馬上去執行，只有做了才會有結果。行動，可能會成功，也可能會失敗；但如果不行動，就永遠不會成功。

希望每個人都不要光說不練，所謂「實幹興邦，空談誤國」，世界上有兩種人，一種是實幹家，另一種則是空想家。空想家們往往善於誇誇其談、想像力豐富、渴望強烈，總想著要去做大事情，但卻不去執行，永遠無法完成任何事情；而實幹家就是去做，雖然他沒有像空想家般能用富麗堂皇的說辭堆砌出自己的計畫，但卻總是能獲得成功，因為他懂得要付諸行動。

戰國時期，秦國派王齕攻下上黨，意欲進攻長平。趙孝成王聽到消息，命令廉頗及其部下二十多萬大軍守住長平。廉頗命士兵們修築堡壘、挖溝壕，準備跟秦軍對峙，作長期抗戰。王齕幾番向趙軍挑戰，但廉頗說甚麼也不跟他們正面交戰。秦昭襄王請范睢出主意，范睢說：「若想打敗趙國，那就要讓趙國把廉頗調回去。」

過了幾天，趙孝成王聽到一些流言蜚語說：「秦國就是怕讓年輕力強的趙括帶兵。廉頗不中用，眼看就要投降啦！」趙王聽信了這些話，立刻把趙括找來，問他是否能打敗秦軍。

趙括回道：「要是秦國派白起來，我還得考慮如何對付。但如今來的是王齕，打敗他不在話下。」趙王聽了很高興，就命趙括為大將，前去戰線接替廉頗。

藺相如對趙王說：「趙括只懂得讀兵書，不知臨機應變，不能派他當大將。」然而趙王根本就聽不進去。

趙括的母親也請求趙王別派他兒子去。趙母說：「他父親臨終的時候再三囑咐我：『趙括這孩子視戰爭如兒戲，談起兵法來目中無人。若大王不用他還好，但如果將他任用為大將的話，只怕趙軍會葬送在他手裡。』所以，我請求大王千萬別讓我兒子去呀！」但趙王一意孤行，執意要讓趙括帶領二十萬大軍接替廉頗。

而范睢聽到趙軍那邊要替換廉頗的消息，知道自己的反間計成功了，就秘密派出白起指揮秦軍。白起一到長平，佈置好埋伏，故意打了幾場敗仗，讓趙括中計，拼命追趕上去欲一勦秦軍的陣仗。白起把趙軍引到當初埋伏好的地點，派出精兵兩萬五千人，切斷趙君的後路；另又派五千騎兵，直奔趙軍大營，把四十萬趙軍切成兩段。

趙軍內無糧草，外無救兵，士兵們叫苦連天，根本無心繼續作戰下去。趙括想帶兵殺出重圍，沒想到秦軍已做好準備，一看到趙括便下令萬箭齊發，一舉將他射殺。而四十萬的趙軍就在只會紙上談兵的趙括手裡覆沒。

良好的理論基礎固然很重要，但理論基礎若沒有經過實踐的檢驗，就不可能轉化為現實中能有效運用的力量。無論是空談者，還是空想者，這類的人自以為有了想法、知識就有了一切，但這是最愚笨的；掌握理論是為了能夠應用，而有了目標就要確實去執行，否則，單憑想像該如何造就成功呢？成功不是一個空想，是你要付諸行動去實現。

# 5-3 先釐清，才能成就銷售

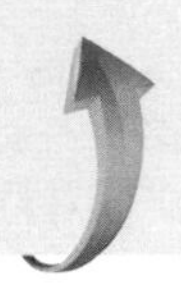

「如果你沒有越來越接近你的銷售（或人生）目標，你很有可能是因為詢問得不夠。」

——傑克．坎菲爾 Jack Canfield

## 弄清銷售到底是什麼？

銷售，從字面上的定義看，就是介紹產品或服務所提供的利益，以滿足客戶特定需求的過程。簡單來說，銷售就是一個過程，是業務員與客戶溝通的過程。而成交則是銷售的結果，透過溝通來達成客戶與業務員的雙贏，實現交易。

業務員銷售產品既是為了從工作中獲取利益、實現自身價值，也是為客戶、為社會提供服務。而客戶購買產品，除了要滿足自身基本的生活所需外，更是對自己心理需求的滿足。因此，銷售的最終目的雖然是賣出產品，但過程卻不是這麼簡單。

每個人對銷售的理解都不盡相同，有人認為銷售就是要達成業績、替公司帶來收入；有人認為銷售就是控制好客戶的需求和選擇，拿訂單、多收款；有人則認為銷售就像「傳教士」那樣，要用自己的專業和產品知識引導客戶，為客戶創造價值；還有人認為銷售就是要與競爭對手激烈較量並取得成功。這些都是銷售的一部分，但卻不能代表銷售的全部意義。

對於每個人來說，要做好銷售就要認清形勢，找到自己的定位。一名合格的業務員必須具備以下特質：

## 1 像漁夫一樣勤奮

漁夫在海中捕魚，起早摸黑出海，費盡力氣地撒網，有時還會遇到狂風暴雨，處境危險；收網返航時，能打到多少魚，就要看自己的運氣了。有經驗的漁夫雖然能根據經驗預測哪裡能捕到更多的魚，但也不是百分之百的準確，還是要面臨很大的風險。因此，漁夫想要更成功就要靠勤奮，要比其他漁夫更早出晚歸，比別人更努力地撒網到達大海深處。

銷售工作就像是漁夫捕魚，茫茫人海，尋尋覓覓，誰也不確定哪個地方的魚多一些。所以，業務員要費盡心力地到處撒網，尋找客戶，但並不是與每位客戶都能成交，有些難免徒勞無功。尤其是在當今社會，產品的可替代性越來越強，一不小心，你就會失去自己的客戶。所以，要有像漁夫一樣的勤奮及強大的自律能力，持續而規律地開發新客戶，花費比其他業務員更多的時間和精力，使自己變得比別人更優秀，讓「客戶買東西，第一個就想到你」，只有這樣才能留住自己的客戶，獲得銷售領域的成功。

## 2 像獵人一樣反應迅速

獵人打獵時，要有敏銳的觀察力、準確的判斷力、超強的行動力、迅速的反應力和有效的進攻力。他們在森林中尋找目標，一聽到風吹草動就要迅速判斷是不是獵物、該不該開槍、該從哪個角度開槍。做出判斷之後，就要迅速地展開行動，捕獲獵物。

做銷售就如同打獵，市場瞬息萬變，稍有猶豫就會錯失良機。業務員要像獵戶一樣善於觀察環境，有靈敏的嗅覺，比競爭對手早一步找到潛在客戶，判斷客戶的需求，並立即採取行動，與客戶積極溝通。只有抓住機會，迅速行動才能留住客戶，取得成功。

## 3 像醫生一樣專業

醫生，是一個被人信賴的職業，治病救人、救死扶傷，容不得一點馬虎。傳統中醫，從身體這個有機個體的角度出發，望聞問切、辨症施方、對症下藥；西醫則透過一系列的現代醫學科技幫人確定病症，加以治療。醫生這個職業的特殊性要求他們必須熟練地掌握專業知識，保證自己的工作不出差錯，萬無一失地向病人提供服務。

而業務員也要像醫生一樣專業，熟悉自己的產品和相關領域。在客戶遇到問題時，能及時準確地向客戶提出建議，為客戶解決問題，當他的專業產品顧問，根據實際的情況，替客戶看到他沒發現的問題，為他提供最合適的產品。

## 4 像明星一樣散發魅力

明星能夠吸引到粉絲的目光，受到大眾的喜愛，來自於自身不可忽視的魅力；漂亮的容貌、高貴的氣質、優雅的言辭，都能給人好感，讓人不由自主地追隨他們的腳步。

業務員雖然沒有明星那樣的氣質，但卻可以像明星一樣用魅力吸引客戶。在日常的工作之餘，你要注意提升個人素質，增強個人修養，增加產品知識。讓自己由內到外都散發出一種耀眼的光芒，從而吸引客戶的目光，贏得客戶的關注。

銷售是一種特殊的工作，更是一門藝術。要做好銷售，除了要有專業的知識和技巧外，還必須具備豐富的知識內涵，強烈的敬業精神和專業自信，並用良好的職業道德和個人修養贏得客戶的信賴；只有全身心地投入其中，才能把業績做多、做大、做強。

## 身邊的每一個人都是你的客戶

有些業務員總在抱怨沒有客戶，但其實身邊每個人都是潛在客戶，且銷售商談過程也不是非要在辦公室進行，業務員逛街、買菜、旅遊、理髮甚至在醫院遇到的人都可能成為自己的客戶；客戶在哪裡，你人就應該在哪裡。回想一下「海角七號」電影畫面，是不是喜宴裡有賣小米酒的馬拉桑、海產攤有馬拉桑、酒吧裡也有馬拉桑……所以，你的客戶在哪裡，你就應該出現在哪裡。

一天，彼得帶著辭職信來到經理辦公室，向經理表明自己不適合做銷售的工作，想轉換其他跑道試試看。經理得知彼得要辭職的消息有點兒吃驚，問道：「為什麼不想做銷售了？」

彼得沮喪地說：「我找不到客戶，一位也找不到。」

經理聞言，馬上把彼得拉到窗前，指著窗外對彼得說：「我們這裡是大樓的第十三樓，從這裡望出去，你看到了什麼？」彼得疑惑地順著經理的手指看出去，回答道：「馬路啊。」

經理繼續問：「還看見了什麼？」

彼得回答：「還有一些建築物和人。」

這時經理大聲說道：「難道你沒看到街上那麼多客戶嗎？」

起初彼得一臉疑惑，但很快地就恍然大悟，收走辭職信，對經理說：「我去工作了，好好看我的表現吧！」

## 1 業務員的財富——人際關係

銷售便是將產品賣出。而產品的買賣牽涉到人與人之間的交往，所以對業務員來說，若有良好的人際關係，能幫忙的人越多，銷售的成績就越好。有些業務員在簽訂契約之前，唯唯諾諾、頻頻探訪，但契約簽訂後，便老死不相往來，不再顧及客戶感受；或有些業務員因人事調動，調到毫不相干的單位，就與以前對自己諸多關照的人，形同陌路，不再聯繫，而對目前相關單位的人士百般奉承討好。

你是否也會這樣嗎？這麼現實的話，結果會如何呢？「那位業務員曾很熱心的來訪，口才很好，看起來挺不錯的，我也曾關照過他，可是當我離開那單位之後，他就擺出冷漠的姿態，好似陌生人。」若這樣被之前的客戶批評，即使你在新的工作單位努力經營人脈，想要有好的成績，恐怕是很難的。

換另外一種情形「那個人很好，我們工作上曾有往來，雖說我離開那單位很久了，但他還是不忘年年寄賀卡給我。這個業務員啊！你若能幫忙就盡量幫他！」這樣從旁協助，兩相比較下，有如天壤之別。像這種，一開始因為工作認識，即使之後無直接生意上往來，對方仍會直接或間接的給予你幫助；試問，這樣的朋友，你擁有多少？

許多業務員把全部精力放在讓客戶付錢，一旦成交後，就對客戶不聞不問。然而，銷售大師喬．吉拉德（Joe Girard）卻認為：「成交之後仍要繼續推銷。」

銷售是一個連續的過程，成交既是本次銷售活動的結束，又是下次銷售活動的開始。業務員在成交之後仍要繼續關心客戶，這樣你既能贏得老客戶，又能吸引新客戶，使生意越做越大，客戶越來越多。所以喬．吉拉德每個月都會寄卡片給向他買車的一萬多位客戶，只要向他買過車，都會定期收到他的賀卡，自然也不會忘記他；喬．吉拉德所銷售的一萬多輛車中，有很大一部分都是重複購買或介紹別人來買車的老客戶。

現在就把從前的客戶再找回來，好好經營，先想想從前和客戶相處的情形，無論是吵架或高興的事，盡量多想，再依你所想的情形，用懷念、感性的手法寄張明信片給對方，有空時再撥個電話或登門拜訪，對方一定會很高興你的到訪，人際關係的建立就在於此。未來逢年過節千萬別忘記寄張賀卡，且賀卡上的字句不要千篇一律，最好真誠寫下你的問候或感受，讓對方感收到那份真情。

成功的業務員之所以有更多的銷售機會，在於他們把身邊每一個人都當做自己的客戶，時時刻刻都做著產品和自我行銷。因此，要想獲得更多的銷售機會，業務員就要把身邊的每個人都當成客戶對待，同時要善於把握時機，撥動和激發他們購買的興趣，將潛在客戶發展成準客戶。

## 2 盡己所能幫助身邊的人

俗話說：「贈人玫瑰，手留餘香」對業務員來說，幫助別人後手中留下的不只餘香，還有訂單和財富。

有一年夏天，原一平先生的公司舉辦員工旅遊，在熊谷車站上車時，旁邊座位上坐著一位年約四十歲的女士，帶著兩個小孩，看樣子應該是名家庭主婦，於是原一平便有了向她推銷保險的念頭。

在列車臨近停站之際，他買了一份小禮物送給他們，並與這位女士閒聊起來，一直聊到小孩子的學費。

「您先生一定很愛您，他現在哪裡高就？」

「是的，他還很優秀，每天都有應酬，他是A公司的部門負責人，那是一個很重要的部門，所以他沒有時間陪我們。」

「這次旅行準備到哪裡遊玩？」

「我計畫在輕井澤車站住一晚，第二天坐快車去草津。」

「輕井澤是避暑勝地，又逢盛夏，來這裡的人很多，你們預訂房間了嗎？」

聽見原一平這麼說，她有些緊張：「沒有，如果找不到住的地方那可就麻煩了。」

「我們這次旅遊的地方也是輕井澤。我也許能夠幫上點忙。」她聽了之後非常高興，愉快地接受了原一平的建議。到輕井澤以後，原一平透過朋友的協助為他們找到了一家旅館。

兩週之後，他一進辦公室，就接到那位女士丈夫的電話：「原先生，非常感謝您對我妻子的幫助，如果不介意，明天我請您吃頓便飯，您看怎麼樣？」

第二天，原一平欣然赴約，並且在飯局之後得到了一筆保單——那位先生為全家四口人購買了保險。

對業務員來說，盡己所能幫助身邊的人解決問題，能更快贏得對方的信任和好感，一旦與對方建立起良好的關係，就等於多了一條人脈，無論是向對方銷售，還是透過對方擴大銷售網，對業務員都是有益的。

但在「贈人玫瑰」的過程中，你也需要注意一些問題：

- 幫助對方解決最緊急的事：幫人解決燃眉之急，就能迅速贏得對方好感。
- 不要承諾辦不到的事：如果你無法確實幫助到對方，就不要冒險許下承諾，否則不僅得不到客戶，還會給自己惹來麻煩。

## 3 別忽視身邊任何人的意見

有些業務員之所以找不到客戶，並不是沒有潛在客戶的關注，也不是沒有銷售機會，而是他們太粗心，忽視了身邊的回應或意見，讓許多機會白白溜走了。相反地，那些出類拔萃的業務員只是多關注了一些身邊的細節，就因此抓住很多銷售機會。

一名成功的業務員能從生活周遭一個微小的回應中發現成交機會。對業務員來說，成交機會可能就藏在身邊人的一句話或一個眼神中，所以業務員要善於觀察和傾聽，從細節中發現並抓住身邊的銷售機會，這樣生意才能源源不斷。

## 4 從「搭訕」學跑業務

在銷售領域，人脈即財脈，但你千萬不要指望客戶自己找上門來，關係網自動變大。想不斷拓展客戶關係網，獲得更多銷售機會，你就要走出去，主動和陌生人搭上話。

一次在商場裡，業務員恰巧看中了一款產品，但因為價格昂貴而考慮再三，忽然聽到旁邊有人問店員：「這個多少錢？」說來真巧，問話人要買的產品正是他想買的，店員很有禮貌地回答：「這個要七萬元。」

「好，我要了，替我包起來吧！」

購買同一樣產品，我還在為價格猶豫不決，這個人居然這麼爽快就買下了？業務員開始在心裡猜測這位先生的身分：這位先生現在到百貨公司購物，說不定是住附近或在附近上班，很可能是個經理級人物，說不定還是「董事長或是總經理」的高職位呢，出手闊綽，想必是收入頗豐，努力一下，他也許就能成為我的客戶。

想到這裡業務員決定不再購物，馬上跟著這位爽快的先生，只見他離開百貨公司後走進一棟辦公大樓，大樓的管理員殷勤地向他鞠躬。

業務員便走上前向管理員詢問：「您好，請問剛剛走進電梯的那位先生是……」

「您是什麼人啊？」

「是這樣的，剛才我在百貨公司掉了東西，他撿到之後還給我，我想寫封信謝謝他，卻不知道他的姓名，所以冒昧請教。」

「哦！原來如此，他是A公司的總經理。」

「謝謝您！」

後來，業務員努力與這位A公司的總經理簽了一筆大生意。

這是一位陌生人變成準客戶的例子，案例中的業務員只是在百貨公司買東西，就將遇到的「潛在客戶」變成了自己的「大客戶」。生活中銷售無處不在，對業務員來說，陌生人都暗藏著巨大的成交機會，業務員要善於發現，勇敢與陌生人搭話，拓展自己的客戶關係網，更要善於抓住銷售時機以實現銷售。

此外，也別忽略了離自己最近的寶藏——親朋好友。對業務員來說，親朋好友不僅是非常龐大的客戶群，還不容易被拒絕，更重要的是：因為熟識的關係，業務員可以更快、更準確地發現對方的需求。

# 5-4 銷售五大步驟

「在購買時，你可以用任何語言；但在銷售時，你必須使用購買者的語言。」

——瑪格麗特・斯佩林斯 Margaret Spellings

## 步驟 1. 接觸，靠第一印象取得先機

有些人認為，銷售不僅是把產品賣出去，更是在販售「個人魅力」。銷售是一個過程，在這過程中最重要的環節就是贏得客戶的信任與好感——也就是把自己推銷出去。客戶只有在認同眼前這名業務員之後，才有可能接受他銷售的產品，不然再好的產品也難以打動他們，尤其是高價位的商品，客戶比的通常不是商品，而是品牌以及人（銷售人員）。所以，優秀的業務員都是在向客戶介紹產品前先把自己介紹給客戶，在取得客戶信任後才開始介紹自己的產品，進而讓客戶掏錢買單。

所以，在拜訪客戶前，要注重個人形象，服裝要乾淨整潔，符合自己的職業；開場白也一定要精彩，要抓住客戶的需求點，用客戶感興趣的話題吸引他們。同時，也要留心自己的言談舉止，說話速度不要太快，咬字要清楚，在和客戶交談時要保持適當的距離，不宜太遠或太近，儘可能和客戶面對面對談。此外，還要多微笑，記住客戶的姓名、職稱、背景等，展現你對他的重視，給客戶留下良好的第一印象。業務最怕的就是服務半天，客戶卻對你毫無印象，因此，設計自己出場的方式，加深客戶對你的第一印象是很重要的。如每次出現都帶份小點心；固定的裝扮，如前 101 董事長陳敏薰的黑色套裝加盤髮是一種方式；幽默風趣，每次一見面就帶來歡笑不外乎是一種好方式……最忌諱的就是讓自己像個隱形人似地出現與消失，彼此連名字都叫不出來。

那麼，要如何才能成功地把自己介紹客戶呢？

## 1 讓客戶感覺到你的重視

當你在跟客戶溝通時，當然想圍繞著他的需求展開一連串的對談，但對方卻總是處於嚴密防守的狀態。所以，你必須重視和關注你的客戶，只有他感受到你發自內心的重視，才能真正對你的產品或服務感興趣。

- 使用尊稱，根據客戶的性別、年齡、職業等進行準確的定位，讓客戶感受到你對他的尊重。
- 清楚地知道客戶的職務，完整地說出對方的職稱和公司名稱。
- 牢牢記住對方的姓名，瞭解客戶有無特別的愛好。
- 在拜訪過程中隨手記下客戶的需求、答應客戶要辦的事情等，讓客戶感覺自己備受重視。

- 當客戶說話時，要聚精會神地認真傾聽，並主動詢問客戶的意見。

## 2 言談舉止要注意分寸

在談生意時，如果你說話幽默風趣，舉止大方得體，那麼肯定會給人非常好的感覺，甚至讓人有如沐春風的感覺。但如果在溝通過程中，不注意自己的用詞或態度，很可能會無意中傷害到客戶，所以你要把握準確得體的言談，以獲得客戶的信任，有利於你取得成交訂單。

- 不要因為對方地位低就表現出輕視之意，而對方地位高就巴結奉承。
- 不以貌取人，不要用主觀意識判斷任何一位客戶。
- 坐姿要端正，不能蹺二郎腿或不時扭動身體。
- 說話語速不要太快，吐字要清楚，不要口出惡言或俗語。
- 不要任意批評、說大話、撒謊等，態度要真誠，說話要適可而止。
- 不要出現東張西望、抓耳撓腮、吐舌頭、不停地看時間等行為。
- 在與客戶握手時，力度要適中，堅實有力的握手會使人產生強烈的互動意願。
- 與客戶見面前不要吃有異味的東西，且不宜使用味道濃烈的香水。
- 和客戶交談時要保持適當的距離，不能太遠或太近，盡量和客戶面對面地交談。
- 不要貿然打斷客戶的話，也不宜與其爭辯，要學會傾聽。
- 不要使用含糊不清的詞語，如大概、可能、或許等，要讓自己展現專業、值得信任的一面。

- 不要吹噓自己的產品，隨便向客戶許下承諾，要實事求是。
- 語言要親切自然，談話的表情也要自然。

## 3 展現良好的個人形象

對業務員而言，個人形象是十分重要的，只有先把自己成功地推銷給客戶，客戶才會考慮你的產品。注重合作關係的客戶會認為，業務的形象往往代表了所屬公司的產品品質和合作的態度，他們會非常重視業務員留給人的第一印象。

- 著裝要隨場合變化，在正式場合，穿著要考究一些。男士要穿衣料較好的西裝並搭配領帶，女士則應該選擇正式的套裝或晚禮服。如果面對的是專業或權威人士，穿著方面更要特別謹慎。
- 不要與客戶的穿著反差太大，反差太大會使對方不自在。
- 要精神飽滿，雙眼炯炯有神、充滿自信有活力，讓人有煥然一新的感覺。
- 不要在客戶辦公室裡抽煙或喝飲料。
- 非必要物品留在會談室外，如雨傘、報紙等。
- 服裝的選擇以乾淨整潔，適合自己，符合自己的職業形象。
- 不要穿過於個性化的服裝，不要佩戴過多的飾品。
- 要彬彬有禮，有禮貌，做到自信、謙虛。

### 4 開場白要成功吸引客戶

好的開場白也是成交的關鍵。若一開始就吸引住客戶的注意力和興趣，等於為成功推銷產品做了有效的鋪墊。在與客戶初次見面時，要讓客戶一見到你就印象深刻，用漂亮的開場白抓住客戶的興趣點。

- **抓住客戶的需求點，用客戶感興趣的話題吸引，讓他覺得你很瞭解他的需要。**
- **告知客戶重要資訊，如產品專業知識、市場行情、產品特色等，在跟客戶溝通時要與他分享最新、最重要的資訊。**

## 步驟 2. 提問，找出客戶心中的需求

客戶通常不是很清楚自己的需求為何，這時候就要靠你利用發問的方式來發掘。

在日常工作中，會遇到形形色色的客戶，有的會主動說出自己的要求，有的則遲遲不願透露自己的想法。當客戶不說出自己的需求時，這時就要以提問的方式來判斷客戶的購買心理。

很多業務員之所以經常被客戶拒絕，原因往往就在於他沒讓客戶產生信任感。某種程度上而言，業務員的角色與醫生或顧問頗為相似，同樣要透過提出精準的問題，再加上敏銳細微的觀察力，才能切中要害，贏得客戶的信任。

在許多時候，客戶可能根本不清楚，甚至渾然不覺自己的需求為何，這時候就有賴業務員善用發問的方式來發掘。

在拜訪客戶時，請先暫時放下銷售這件事，先真誠地瞭解客戶的現況，例如：「貴公司成立多久了？」、「未來有什麼營運計畫？」透過問問題，讓客戶多說話，自己則是專心聆聽，用心聽出關鍵核心；或是先簡單地介紹產品，再展開提問，讓客戶有機會多說話，表達自己的意見和需求，這樣你才能準確掌握他在想什麼。那麼，如何提問才能問出客戶心中的想法呢？

## 1 抽絲剝繭，順序提問

向客戶提問的目的就是要瞭解客戶的購買心理，唯有知道客戶需要怎樣的產品，才能展開下一步的銷售。那要怎麼問才能與客戶深入交流，找到客戶真正的需求呢？以下幾個技巧是你需靈活掌握的提問順序：

- 提問時旁敲側擊：使用旁敲側擊的提問方式時，在話題上要做到有效地規範和控制，既不可漫無目的地與客戶談論與產品毫無關係的話題，又不可過於直接地向客戶詢問與產品直接相關的問題。讓客戶多表達，提問時多重複幾次，如果你在與客戶交流時，適當使用重複性的提問，既能表現出對客戶所談內容的理解和興趣，也較能確認對方提供的資訊，及時找出客戶的興趣點與關心點。
- 試探性的提問：當我們還不清楚客戶的購買心理時，可以先試探性地提問，這種提問方式非常實用。

## 2 一針見血，問出實質

當你在向客戶提問時，一定要有的放矢，讓對方感受到購買產品的必要性和急迫性，如此才能儘快促成交易，取得訂單。你可以透過以下方式提問，來激發客戶的購買欲望。

- 問題要深化客戶的困難：當瞭解客戶需求之後，就要對他的內在需求進行分析，向客戶提出他缺少產品時可能會遇到的的困難，並強調這些困難對客戶帶來的影響。如果你能深化客戶將面臨到困難、不便或障礙，就能提高客戶對產品需求的急迫性，促使他更快做出成交的決定。
- 提問要細化困難：在客戶有需求的情況下，指出客戶缺少產品時所遇到的困難，並一一羅列出這些困難對客戶的影響。
- 提問要環環相扣：要讓客戶的需求轉化為購買產品的強烈欲望，還要注意向客戶提問的頻率，儘量保持提問的連續性。客戶只有在被連續提問的過程中，對需求的緊迫感才會持續增強，一旦業務員將提問中斷，就會如同橡皮筋鬆了一般，失去效果。

## 3 以牙還牙，巧用反問

在銷售過程中，總是會需要回答客戶的各種問題，如果你能以反問的方式回答客戶的問題，就可借由客戶的口回答他提出的問題。那麼，在具體銷售過程中，業務員應如何向客戶提出反問呢？

- 機智地問：這種反問是指業務員從側面和不同的角度表達態度、傾向和觀點，機智巧妙地回應對方。
- 幽默地問：幽默型反問是指反問者的問話既能令人感到很有意思，又能使人從中有所領悟。這種反問一般用於銷售氣氛緊張的情況下，例如投訴、提出重大異議，或雙方因某些問題即將展開爭論時。
- 諷刺地問：諷刺性的反問是指反問者在受到不平等回應時，所使用的一種反詰方式，表面不傷及雙方感情，但卻一語中的。這種反詰方式既表達出反問者的想法，也維持氣氛的和諧，卻能給對方一種自打耳光的窘境。在實際銷售中，使用這種反問方式時，一定要掌握分寸，才能為接下來的溝通留下操作空間。

成功銷售的關鍵在於你是否瞭解客戶面對的困難和煩惱，只要學會主動傾聽，貼心挖掘他的煩惱，引導他往你的產品服務尋找解決方案，這樣就能做成生意了。當然，客戶可能會刻意隱瞞，或者他也不清楚問題所在；因此，你必須善用提問技巧，既可獲取客戶的信任，又可幫助他瞭解自己真正的需求。

不管業務員選擇哪種提問方式，其最終目的都是為了瞭解客戶的購物需求，然後滿足需求，最終得以成交。

## 步驟 3. 滿足，在客戶的訴求點、潛在需求與產品之間找到關聯

銷售的時候，既要把握住客戶的訴求點，同時還要深入挖掘客戶的潛在需求，因為它們之間是相輔相成的，而這就要突出產品的優勢，激發客戶的需求，讓客戶的潛在需求與產品優勢相結合。你可以多向客戶提出問題，讓客戶發表自己的想法，從情感、價值觀等方面作為切入點，引起客戶的共鳴；再進一步深入挖掘客戶的購買需求，有針對性、有目的地向客戶講解產品，讓產品與客戶的需求相關聯。

想把產品順利賣出去，首先就要與客戶建立良好的關係，而要實現這點，我們就必須做到最基本的——從客戶角度出發。客戶在購買產品時，如果總能感受到銷售員對他的理解與貼心，注重他的心情和感受，那麼客戶就會被這種氛圍所吸引，進而對產品投入更多的關注。所以，只有站在客戶的角度去介紹產品，他們才願意與我們交流，積極地投入到銷售中來。

此外，在與客戶交流時，應該藉著與客戶聊天的機會，對客戶的基本資料進行初步的瞭解，比如客戶所在的行業、客戶的愛好、客戶的業績、客戶的家庭情況、客戶的習慣等，並從中獲得客戶的需求資訊。只有瞭解客戶的具體需求，我們向客戶介紹產品時才能有的放矢，讓客戶感覺被受尊重，願意與我們討論更多的細節，營造相談甚歡的感覺。

客戶的需求可分為顯性需求和潛在需求，客戶的訴求點是他們已經發現並意識到的需求；而潛在需求則是已經存在，但對方還沒有意識到的

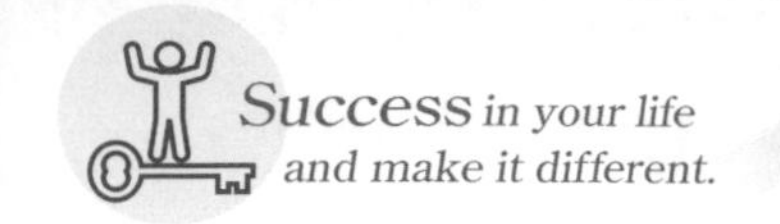


需求。所以，我們要學習把握住客戶的訴求點，並且深入挖掘他們的潛在需求，在產品中找到有價值的點，讓產品賣點和優勢與客戶需求相結合。

客戶在購買產品時，最耗費時間和精力的莫過於選擇產品的過程。為了買到最適合自己的產品，有的人會思前想後，權衡利弊，花很長時間斟酌產品與自身需求之間的差異。相信你也不願看到這種情況，但這是銷售必經的過程，客戶何嘗不想快些買到符合自己期望的產品呢？因此，在這個過程中為客戶提供好建議，正是贏得客戶的好機會。

在客戶選購產品時，如果你能提供非常有幫助的建議，不僅能加快成交腳步，還能取得客戶更大的信任，他不僅會購買產品，而且在購買之後，也願意繼續向你諮詢使用上的問題。這樣一來，你就把客戶的心套住了，對方覺得你的介紹和建議非常中肯，甚至覺得沒有你就無法選擇到最適合的產品，你在客戶心中的重要地位就建立起來了。

小羅是一家服裝店的銷售員，這天一位中年婦女走進店來，轉了一圈之後，對著一件淡紫色的上衣看了又看，拿起來又放下，似乎很猶豫。小羅也適時地在一旁解說、敲敲邊鼓，客戶仍然猶豫不決。

客戶：「我還是再考慮一下，和我老公商量之後再說。」

小羅：「其實這件上衣很符合您的氣質，我看您也特別喜歡這件衣服。不過您說還要和老公商量一下，我能理解，還是要老公覺得您穿起來好看，您才會更加自信。」

客戶：「是啊，所以我想回去商量一下。」

小羅：「不過我也擔心還有什麼地方沒有解釋清楚，所以想請教您一下，您比較顧慮哪一方面呢？衣服的款式還是顏色？」

客戶：「款式還可以，主要是衣服的顏色，我擔心老公會不喜歡，因為我很少穿這種顏色鮮豔的衣服。」

小羅：「您能嘗試與以往不同的打扮說明您很有想法。而且我覺得您非常適合這款顏色，要不先試穿看看再說。」

客戶進行試穿後。小羅：「您看，這件衣服是不是很適合您的氣質？無論是顏色、款式還是質料都不錯，不穿在您的身上真的是可惜了。」

客戶：「嗯，真的很不錯，沒想到穿上之後效果這麼好……」

小羅：「衣服真的適合您，如果今天您錯過它，真的很可惜。」

客戶：「是嗎？那……就買了吧！」

在客戶選擇產品的過程中，只有適時、適當地為客戶提出最有利的建議，才能贏得客戶的信服。所以，你應該從客戶實際的情況出發，向對方提供中肯且有效的建議，讓他覺得沒你不行。那要怎樣做才能透過提建議俘虜客戶的心呢？

## 1 瞭解客戶的訴求點

每個人都有需求，有吃飯的需求、有睡覺的需求、想獲取安全的需求等，客戶也不例外；他們也會存在各式各樣的需求，例如，我口渴，要喝水。像這種客戶已經意識到的，並且有能力購買且準備購買某種物品的有效需求就是客戶的顯性需求，也稱客戶的訴求點。客戶的顯性需求包括：我想買一件衣服；我想要一台筆電；我想買一台上下班代步的車；我想買鄉村風的原木家具。

## 2 學會挖掘客戶的潛在需求

成功的銷售就在於你是否明白和瞭解客戶的心裡到底需要什麼，如何才能為客戶提出最有效的建議。

所以我們要學會挖掘客戶的潛在需求，時刻關注客戶的興趣是什麼、關心什麼、需要怎樣的產品才能滿足自己、什麼需求是必須滿足的……只有都瞭解清楚了，才能符合客戶想要的。

## 3 在客戶的需求與產品的特點之間找到關聯

有些業務在約見客戶的時候，一開口就滔滔不絕地把產品賣點從頭講到尾，但客戶的答覆往往是要先考慮一下，確定好要買再打電話聯繫；而有些業務員則是先探詢客戶的需求，透過提問等方式，找到客戶的關注點和需求，再結合產品特色，讓客戶當即決定購買。所以一定要把握好產品的特點和客戶需求，找到它們之間的聯繫。有的時候，客戶先瞭解產品，對產品產生認同，才會有購買的需求；但有的客戶會先有購買需求，然後再去瞭解產品，對產品認同後才會確認購買意向。客戶的需求和對產品的認同，它們之間是並列、互相影響的關係。

## 4 抓住提議的最佳時機

客戶在購買產品時，常常會有很多顧慮讓他們猶豫不決，此時你若能提出適當的建議，往往能引起對方的重視。一般來說，客戶如果真心想要購買產品，只要適時的引導，他們都會說出自己的顧慮，所以你不用擔心會引起客戶的反感。

### 5 站在客戶的角度提供建議

如果客戶已經信任業務員，那麼其所提出的建議會更容易被客戶所接受。所以，你要想客戶之所想、急客戶之所急，從對方的角度出發去考慮怎樣的方案對客戶最有利，但又不會損及業務員本身或公司的利益，這樣你才能輕而易舉地獲取客戶的信任，建議也更容易被客戶接納。

### 6 帶著誠懇負責的態度提出建議

在提供建議時，語氣不能像輕描淡寫般隨便發表自己的意見，也不能像例行公事般敷衍塞責，你要用誠懇有禮的態度為客戶提出建議，這樣他才有被重視的感覺而接受。

我們在向客戶提供建議的過程中，必須先做好自己的銷售功課，並妥善處理客戶的反對意見。除此之外，還要保證自己所銷售的產品品質和功能良好，價格適度；這樣才能使客戶對你的銷售服務感到滿意，近而接受你的建議。

## 步驟 4. 成交，實現雙贏

在銷售過程中，只有雙方利益均沾，才能贏得現在，又贏得未來。

業務員雖代表著企業的利益，但也要重視客戶的利益，為對方著想。只有滿足了客戶的需要，才能保證整個銷售的成功；因為客戶與你一樣聰明，如果你只把自己的利益放在眼前，想占盡便宜置對方於不顧，往往會以失敗收場。銷售其實就是彼此互相測試和利用的一種博弈論，大家都明白利益均沾的道理，因此你費盡心機想獨享利益是沒用的，不如將好處擺在眼前，與客戶分享，才是長久之計。

銷售就是交易，交易就是一個雙贏的過程。交易是一種雙方相互妥協、相互滿足、相互獲得利益的行為，雙贏這個概念簡單來說，就是互利互惠；A 可以從 B 身上得到好處，B 也能從 A 那裡取得利益。但如果你費盡心機想占便宜，卻反而會吃大虧，就像有句話說：「誰也比誰傻不了多少」，當你一味強調產品多麼好，給客戶的價格多麼低時，也要坦誠地告訴對方你的贏利點在哪裡，只有雙贏才能促使雙方達到穩固的合作關係。如果不能意識到這一點，總把銷售當成一項任務去做，不懂得在方法上變通，不懂得藝術性地處理，就很容易得罪客戶，為成交埋下隱患。

銷售過程中，一名業務員是否優秀，大多體現在他是否能讓客戶與客戶之間、客戶與業務員之間達成雙贏，並與客戶發展長期合作關係，從而累積人脈，實現更多的成交。成功的銷售，不僅是將產品成功銷售出去，也要讓人有所收穫、有利益可享，這就是所謂的「雙贏」結局，是彼此都希望達到的結果。

一對父子到3C賣場選購電腦，銷售員熱情地上前迎接打招呼：「請問你們想買什麼類型的電腦呢？」父親對兒子說：「你自己看一下需要什麼電腦。」銷售員很聰明，他發現孩子的目光總是盯著那些高價位的電腦，而父親卻只在低價電腦旁轉悠，顯然他們的意見還沒達成一致。

這名銷售員機靈地想，孩子比較時髦，追求高品味，想買一台高配備的電腦；而父親比較節省，大概是希望買一台便宜可以用的電腦就可以了。孩子可能正左右為難，既想要性能高的電腦，又怕爸爸不同意。

這時銷售員對這名父親說：「這台電腦雖然比較便宜，但性能也比較一般。年輕人對電腦的要求都比較高，如果玩遊戲、上網的話，這款的規格顯然不夠。未來還要將硬體進行升級，所以可能沒比較划算。」

一席話說得孩子面露喜色。這時，銷售員又轉過來對孩子說：「這款電腦的配置雖然比較高，但一般的學習、娛樂還是用不著，而且售價偏貴，買這一款可能有點浪費。」隨後，銷售員指著一台價位適中的電腦，對他們說：「你們看看這台電腦怎麼樣？它的配備不僅能滿足日常學習，也能滿足玩遊戲、上網等需要，價格也適中，比較適合你們。」

銷售員的一席話說得合情合理，將兩方的需求都照顧到了——既滿足了孩子追求高效能的需求，又滿足了父親想節省開支的願望。最終，雙方順利成交。

銷售之道就是盡可能地找到讓客戶滿意又讓自己獲利的中庸之道，而銷售的技巧也就是能使銷售者與購買者達成一種雙贏的技巧，只要意識到這一點，並根據情況合理地組合銷售策略，就能遊刃有餘地運用銷售技巧，實現成交。

任何一項銷售都是這樣的，讓客戶知道你在滿足他的需要，同時也感謝因為他的購買為你帶來利益。不要以為客戶會因此看低你，因為他也會覺得你待人真誠；只有共築一個雙贏局面，才能構成你們之間長期的友好合作關係。

## 1 堅持互惠原則

對客戶來講，「值得買的」不如「想要買的」，客戶只有明白產品會為自己帶來好處才會購買。因此，你如果只把注意力放在銷售產品上，一心想將產品推銷給對方，甚至為了達到目的不擇手段，那麼失去的可能比得到的更多，你可能因為賣出一件產品，而失去一位客戶。

成功的銷售需要堅持雙方互惠的原則，力圖讓雙方滿意。在一定的前提下，你甚至可以做一些讓步，這樣不僅能促成交易，還能在客戶心中留下很好的印象，為長久的銷售先鋪好道路。

## 2 著眼客戶的需求點，建議相應的產品

在銷售過程中，你要先瞭解客戶有哪方面的需求，再針對這些需求進行產品說明，這樣效果才會更加明顯，使他瞭解購買產品可以為他帶來哪些實質性的改變，讓他從中受益，你們的交易才會成功。

例如，面對一位臉上長滿青春痘的小姐，就要向她重點介紹產品的去痘功效；但如果遇到一位面色黯沉的小姐，就該向她介紹產品的美白功

效，因為去痘並非她所關心。只要掌握、運用好「一把鑰匙開一把鎖」的道理，會有不成交的嗎？

有時候，客戶遲遲不願達成交易，可能是對產品品質、價格等尚存著異議。對此，一定要從客戶的需要出發，為其提供另一種適合他的產品，千萬不要讓客戶產生負面的想法，而讓成交破局。

### 3 適當提供優惠方案

有些客戶在面對業務員銷售的產品時，確實很想買，但可能沒有足夠的現金，所以遲遲無法成交。針對這種情況，你可以採取提供優惠方案的方法，讓該客戶如願以償地購買自己想要的商品，又幫助公司獲得更多的客戶資料。

### 4 面對異議時，專業的處理可以獲得反敗為勝的效果

在銷售過程中，客戶可能會針對某一點提出自己的疑問，這時候，優秀的業務員不僅要消除他們的這些疑慮，還要運用一些巧妙的方式將客戶的疑慮變成產品的另外一個賣點；盡可能地對客戶疑慮給予正面的、積極的答覆，且應對時語氣要肯定充滿說服力，以強化客戶購買的信心。

### 5 購買前真誠交流、附加值概念、長久合作

這點可以從三方面來理解。首先，業務員介紹產品時一定要實事求是，告訴客戶真實的情況，不要把產品誇得天花亂墜，因為這樣只會增加售後服務的難度，別給自己設置障礙。其次，充分說明產品可能產生的附

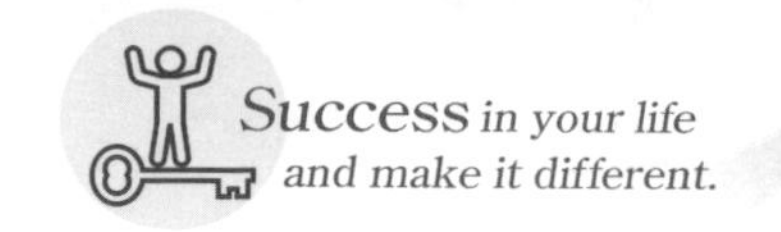


加價值，譬如銷售節能冰箱，在說明它的製冷效果等自身價值後，再告訴客戶使用它後一年可節省 ××× 度電，這些附加值也是吸引顧客的賣點。最後，客戶很怕上當受騙，所以你可以將自己的電話、公司地址等資料提供給客戶，讓他感受到你想與他長期合作，因為客戶也不願意與不穩定的人合作。

## 6 主動表達長期合作的願望

如果商談進行得順利，客戶願意成交時，那麼在實現成交的基礎上，你要主動表達期望與客戶保持長期合作的想法。有了先前的友好合作當基礎，當你再主動和客戶表示長期合作的意願時，客戶一般是不會予以拒絕的。所以，如果你能態度誠懇地主動向客戶表示長期合作的願望，那就是在替自己的未來創造成交條件，畢竟與一位老客戶保持聯繫，要比開發新客戶花費的時間和精力更少，而且在交流的過程中，也更容易達成一致。

總之，為了提高成交率，並與客戶實現長期合作，業務員要不斷尋求建立雙方友好關係的途徑，時時讓客戶感覺你能提供令其滿意的產品或服務，能滿足各種需求；你尤其要讓客戶產生並堅信——「只有他才能夠保證我的需求得到最大滿足」。只有這樣，你才能讓銷售進行得更加順利，交易更加成功。

## 步驟 5. 滿意，客戶開心才是王道

客戶需要的不單是產品，產品加上服務才能為客戶產生價值，唯有服務超出客戶預期，才能贏得客戶的心。

若你忽略了服務的重要性，可能會因而喪失獲得訂單的機會。因此，業務員除了銷售外，還要透過服務，讓客戶感到滿足、感動，進而產生整體價值，而這也是你成敗的關鍵。唯有「用心服務」，才能成功擄獲客戶的心，讓公司和你的事業永續發展、獲利。

由此可知，只有優質的服務才能讓客戶動心，但何謂優質？以一名優秀的業務員來說，優質服務對於客戶而言，不僅僅是要幫客戶解決難題，還要把觸角深入到客戶可能遭遇不便的任一細節上，為客戶處處提供方便的服務。

香港知名的龍景軒餐廳老闆小楊當年在日本住了幾年後回到香港，打算開一家日本料理店。

他跑遍全香港，最後選出十個地址，作為「候選店」，然後把這十家店的位置、佈局、環境等各方面優、缺點列出來對照、反覆比較，還請了專門的市場調查公司對市場潛力進行了專業性調查，最後根據專家的建議，選定其中一處設點。

店面裝修好後，小楊邀請朋友們前來參觀，朋友說第一感覺就是舒服，第二感覺還是舒服，朋友們把自己作為客戶，凡是能想到、能提出的要求，這家店都做到了，客戶沒有想到的，店裡也幫你設想到了。但小楊還是不放心，希望朋友們再多提一些意見。

有些朋友不可思議地說：「要換成我，現在早開店賺錢了，你快開業吧，早一天開業，就早一天賺錢。」

小楊：「不行，正式開業在一個星期之後。從明天開始我請大家吃飯，但飯不能白吃——大家吃完飯後一定要提出至少一個意見。」

聽他這麼一說，朋友們都問：「為什麼？」

小楊：「我在日本餐館考察時，他們永遠不會讓客戶等候超過十分鐘，也不會讓客戶有任何不滿意的地方。如果現在開業，我還沒有十足的把握能將服務做到最好。」

「有問題下次改不就行了嗎？新店嘛，很正常。」

「不可以這樣，如果服務不到位，就沒有下一次機會。我剛到日本的時候，也覺得日本人好傻，你說什麼他都信，想騙他們很容易，但他只會上一次當，以後，他再也不會和你來往，只要你犯了錯，就不會有下一次的機會了。」

在產品日趨同質化的時代，做生意就是做服務，「以貼心的服務贏得客戶的認同和信賴」已成為生意場上公認的成功法則。越來越多業務員秉承「服務至上」的理念服務於客戶，但能真正深領其意並將其做好的業務員終究是少數。顧客想要的滿意體驗是由內而外，不是由外而內表面的標準化服務。業務員若按照行業標準服務於客戶，叫做標準化服務，以餐廳為例：從前的餐飲服務業，或許料理好加上服務好，那麼生意一定好；但現在的客戶早已不會輕易被標準化服務所感動。即便你是料理好、服務好，生意也未必會好，這是因為顧客認為那是你應該做的。客戶越來越關注自己的感受，只有相應的個性化服務才能令客戶真正滿意；所以你必須好到能讓顧客難以忘懷，讓客戶有驚喜的感覺。

通常我們可從下列三方面瞭解一般購買商品的理由：

## 1 品牌滿足

整體形象的訴求最能滿足地位顯赫人士的特殊需求；比如，賓士（Benz）汽車滿足了客戶想要突顯自己地位的需求。針對這些人，銷售時，不妨從此處著手試探潛在客戶最關心的利益點是否在此。

## 2 服務

因服務好這個理由而吸引客戶絡繹不絕地進出的商店、餐館、酒吧等比比皆是，但售後服務更具有滿足客戶安全及安心的需求，服務也是找出客戶關心的利益點之一。

## 3 價格

若客戶對價格非常重視，可向他推薦能在價格上滿足他的商品，否則就要找出更多的特殊利益，以提升產品價值，使之認為值得購買。

以上三方面能幫助你及早探測出客戶關心的利益點，只有對方接受銷售的利益點，你與客戶才有進一步交易的機會。

良好的客戶服務措施和體系必須是發自內心、誠心誠意且心甘情願。當你在提供服務時，必須付出真感情，沒有真感情的服務，客戶就不會被服務感動，而沒有了感動，再好的客戶服務措施與體系也只會淪為一種形

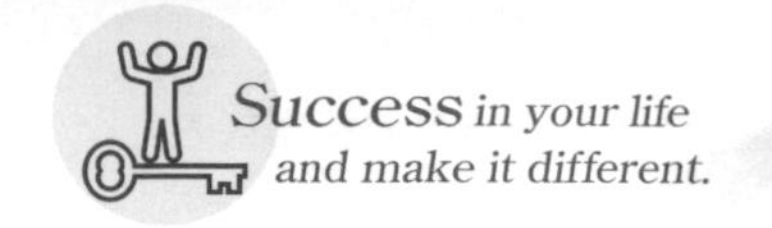


式，無法帶給客戶美好的感覺。

「以贏利為唯一目標」是不少業務員恪守的一條鐵律，在這個理念下，許多銷售人員為求獲利，不自覺地損害了客戶利益，至使客戶對供應商或品牌的忠誠度普遍降低。而這種以自身利益為唯一目標的作法極有可能導致老客戶不斷流失，損害企業的利益。

我們總希望與客戶產生第二次、第三次交易，將新客戶發展成我們的老客戶，但如果我們不關注客戶的滿意度，往往在第一次交易後，客戶就對你敬而遠之。那要如何做才能讓客戶滿意呢？

## 1 兌現自己的承諾

客戶在決定購買我們的產品之前，總會提出許多要求，因此我們要儘量遵循「少許諾，多兌現」的原則。一旦對客戶有了承諾，就一定要去實現，如果因為食言而失去客戶的信任，反而得不償失。

因此，若想客戶對你滿意，就必須言必行、行必果。有很多業務員為了加快客戶購買的決心而開了許多空頭支票，到頭來卻無法一一實現，這必然使客戶不滿，為自己帶來不好的影響。所以，如果我們可以不許諾的話，就盡量減少對客戶的承諾。

有些時候，我們向客戶做出了承諾，但因故而無法兌現，你一定要及時向對方道歉，誠懇地向他說明無法實現的原因，並提出解決辦法，若你的解釋合情合理，客戶也會諒解你的，甚至會被你的誠懇而感動。

## 2 賣出產品並不是銷售活動的終結

業務員要明白這樣一個道理，那就是，賣出產品並不意味著銷售結束。業務員要做的並不是單一買賣，而是與客戶達成長期交易；所以，產品售出後，你要對客戶進行以下的後續服務：

- 您還需要哪些服務呢？
- 我馬上幫您解決。

## 3 真正精明的客戶不會只關心價格

留住一位現有客戶，比發展兩位新的客戶更能獲得利潤。從成本效益角度看，增加客戶再消費的意願比花錢尋找新客戶要划算得多。此外，在留住客戶方面，若能多費點心力關心他們，也會帶來成倍的利潤成長。

客戶流失已成了很多企業所面臨的尷尬情況，失去一位老客戶會帶來嚴重的損失，企業可能得再開發十名新客戶才能予以彌補；但當問及客戶為什麼流失時，很多銷售人員通常都是一臉茫然。

導致客戶流失最關鍵的因素就是——客戶的需求不能得到有效的滿足，客戶追求的是較高品質的產品和服務，如果我們無法提供客戶優質的產品和服務，客戶就不會對我們滿意，無法建立起較高的客戶忠誠度。因此，全面提升產品品質、服務品質，進而提高客戶滿意，防止老客戶的流失，是每位業務員積極努力的目標。

業務員能迎合客戶的需求提供相應的服務是銷售的最高境界。比如

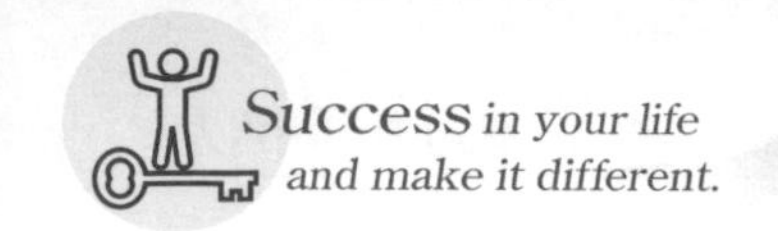


說餐廳不是雜技團，沒有理由為客戶提供表演，但服務員卻主動根據客戶的需求，做了本該由演員做的事，而這就是個性化服務。

客戶在購買產品時，最關注的是自己的感受，心滿意足的感受最能誘使他們做出購買決定，並願意與業務員建立長久的合作關係。所以若想贏得客戶更多的信任和喜愛，不僅要實現標準化服務，更要為客戶提供專屬的個性化服務。

那麼，我們要如何由標準化服務取向轉型為客戶取向呢？答案是——提供超越服務的服務。藉由超越服務的服務，讓顧客感受到你獨特的風格、服務的特殊氛圍，帶給他的難忘體驗。

要做到「貼心服務」只有一個重點，就是多為客戶設想，關懷對方是贏得服務的關鍵。做好貼心服務要有一顆善良的心和親切的態度並即時行動才能產生實質的效益。用無私奉獻的心與熱忱做好服務，一定會讓客戶感受到你的體貼心無所不在。

客戶購買產品的過程其實是在尋求心理滿足，得不到貼心周到的服務，自然不願再繼續浪費時間。唯有在細微之處照顧和關心，才能打動、贏得客戶信任；所以，要把服務做細，讓客戶感受到服務的貼心和周到。

# 5-5 銷售四大技巧

「行銷是沒有專家的，唯一的專家是消費者，就是你只要能打動消費者就行了。」

——史玉柱

## 技巧 1. 在見客戶前就做好萬全計畫

銷售工作是一項複雜的工作，需要業務員直接與客戶打交道，會有很多不確定的因素產生。若業務員想要掌控局面，引導客戶跟著自己的思路走，讓銷售工作順利，就必須事先做好計畫，做到居安思危，才能有備無患，防止無法控制的局面發生或陷入手忙腳亂。

事先做好銷售計畫，並照計畫行事，不僅可以明確與客戶見面的目的和任務，也能在與客戶交流時有章可循，使溝通效率提升，更有條理地安排工作進度，避免浪費不必要的時間和精力。

## 1 了解你的客戶

一個好的拜訪計畫是業務員成功約見客戶並取得有效溝通的基礎，業務員在與客戶見面前一定要妥善制定計畫。在制定計畫時，業務員可以從以下幾方面著手：

- **收集客戶資料，分析客戶情形**
- **復習以前的拜訪記錄**

業務員要把收集到的資料系統化整理，並加以分析，確定客戶所屬的公司、部門和負責工作，以及在採購中扮演的角色及其權限，找出能對決策產生影響的人，然後再從中尋找入手的線索。且和客戶實際接觸後，要在筆記本記錄面談的經過，將客戶分級管理或按短、中、長期分類規劃。

如果沒有對客戶的實際情況進行分析，弄不清各方面的關係，像無頭蒼蠅一樣到處亂撞，那就在與客戶見面時就很難抓住重點，更別說是激發客戶的興趣與購買欲了。

如果並不是第一次與客戶見面，那就應該在見客戶之前看一下上次拜訪客戶的記錄，回想雙方在上次見面時交談的話題，是否有任何問題未解決，提前準備解決方案。透過復習以前的拜訪記錄，你可以整理自己曾向客戶傳遞過哪些資訊，並找出還有哪些方面有遺漏，確定應該再做哪些補充。

除此之外，你還可以根據以前的拜訪記錄觀察雙方的交流和溝通是否達到預期效果，如果達到了，再看看還需要什麼樣的改進與加強之處；

如果沒有達到預期效果，就要考慮制定新的行銷方案，改變與客戶的溝通方式。

## 2 確定介紹的產品及使用什麼樣的方法

產品種類各式各樣，如果業務員全部推薦給客戶，不僅無法抓住客戶關注的重點，還會令客戶產生厭煩的感覺，不想再繼續聽下去。所以，在與客戶見面前，要先根據客戶情況分析客戶需求，選擇最符合客戶需求的產品來推薦。

而業務員除了要了解客戶的需求情況，還要全面掌握產品本身及相關行業和競爭對手的現狀，提前準備好想要傳達給客戶的產品利益和安全等相關資訊。只有這樣，你才能在見到客戶後條理清晰、面面俱到地介紹產品、推薦成功。

與客戶見面後，你最主要目的就是向他們介紹產品，促成雙方交易的成功。要想讓客戶接受產品並購買產品，你就應該先讓他們好好地了解產品而這也需要你提前做好計畫，準備好向客戶介紹產品的說詞，以達到引起客戶注意、贏得客戶的共鳴，最終達成交易。

一般情況下，客戶介紹產品時可以使用以下幾種方法：

- **直接介紹法：直接介紹法是指業務員直接向客戶介紹產品的性能、特點、價格等情況。**
- **產品展示法：產品展示法是指將產品實物拿到客戶面前，讓客戶直觀且全方位地了解產品，在條件允許的情況下，你可以讓客戶親自體驗**

如何使用產品，加深客戶對產品的印象。

- 利益吸引法：利益吸引法是指向客戶講明使用這種產品時，客戶可以獲得的利益，以此來吸引客戶對產品的注意和重視。
- 問題求救法：問題求教法是指業務員首先向客戶提出問題，再尋求客戶的答案。
- 震撼開場法：震驚開場法是指業務員設計一個令人吃驚或震撼人心的事物來引起客戶的興趣，進而轉入正式的產品介紹中。
- 讚美接近法：讚美接近法是指透過讚美拉近與客戶的距離，進而向客戶介紹產品的方法。

除了以上幾種方法外，還有很多其他的產品介紹方法，所以在平時的銷售過程中，你要積極學習和累積經驗，尋找適合自己的方法。而且你更可以在過程中，同時運用多種方法，靈活地將理論與實務相結合，讓自己的產品介紹更加出色。

## 3 借助銷售工具，讓你的介紹更生動

《論語》中有一句話：「工欲善其事，必先利其器」無論做什麼工作都要事先準備好工具，銷售也是如此。就像臺灣商界流傳的那句至理名言一樣：「銷售工具猶如俠士之劍。」業務員在進行銷售時，如果能有效地利用銷售工具，不但能吸引客戶，激起他們的好奇心和興趣，還能為自己提高成交的機率。

湯姆是一名業務員，他曾為一個名叫美聯勝的商會銷售會員證。

一次，他有幸透過朋友的介紹得以和一位商店老闆見面，但這位老闆並沒有興趣加入美聯勝商會。因為他的商店在較偏遠的郊區，美聯勝商會的總部卻是在市中心，他覺得即使自己名義上加入美聯勝商會的會員，但由於地理位置太偏，他不太可能到總部交流或享用會員的權益；因此，他認為根本沒有必要花錢購買商會的會員證。湯姆在了解了商店老闆的顧慮之後，試圖以自己的真誠和尊重說服對方，可是對方根本不吃這一套。沒辦法，湯姆只好和老闆約定下次拜訪的時間。

過了幾天，湯姆拿著一個特大號信封來到這家商店。商店老闆對他手中的大信封充滿好奇，但湯姆卻對信封隻字不提；終於，商店老闆忍不住問道：「那個信封裡到底裝了什麼東西？方便看一看嗎？」

原來，湯姆在這個大信封裡裝了一個印有美聯勝商會標誌的金屬牌，他告訴商店老闆說：「只要將這個牌子掛在商店外明顯處，那麼所有來這裡購物的人們都會知道您的商店屬於一流的美聯勝商會，而您也是美聯勝商會的一名尊貴會員。」

結果正如湯姆所想的那樣，商店老闆當下很高興地同意加入美聯勝商會，上支付了商會會員的入會費。

由此可知，業務員若正確使用銷售工具，不僅能引起客戶的好奇心，激發他們的購買欲望，還能體現業務員的身分和專業，以及對客戶的尊重。

若希望每一次的洽談都能達到預期效果，就要事先做好準備，制定一個全面且合理的計畫，這樣才能更高效地掌握銷售流程，贏得客戶的好感和信任。

## 技巧 2. 把產品價值 SHOW 出來

業務員的目的是將產品賣給客戶，使自己和客戶都獲得利益，實現銷售價值（經濟學家稱之為消費者剩餘或生產者剩餘）。但很多時候，市場上同類產品太多，導致惡意競爭的現象十分嚴重，很多產品銷售不出去，只能積壓在業務員手裡，難以實現銷售價值。

業務員常聽到客戶直接地拒絕說：「我沒錢」，但其實這是顧客不想購買某件商品的藉口，這句話真正的意思是：「我才不想花錢買這樣東西呢！」即使是有錢人，他們對於不需要、感受不到魅力的東西，也一樣會推說「沒錢」。

業務員必須了解到消費者對於「覺得很有價值的東西、自己想要擁有的商品，即使要節省生活費、刷信用卡分期付款，還是想要買；但其他的東西則希望盡可能撿便宜。」的道理，這也是為什麼高級品牌非常受歡迎，但 10 元商店或折扣藥妝店人潮也很多的原因。也就是說，能否讓消費者感受到商品的「特殊價值」，才是決定交易成敗的重點。

因此，成交的關鍵不在於客戶有沒有錢，而是讓客戶覺得「說什麼都想要」、「即使很貴也想買」。而業務員要努力把產品價值呈現出來，最有效的方式就是解析產品優勢，讓客戶看到產品獨一無二的價值，引起客戶購買的興趣。假如客戶不斷地提到價錢問題，就表示你沒有把產品真正的價值告訴他，所以他才會如此在意價錢。記住，你一定要不斷告知客戶為什麼你的產品物超所值，引導他的購買心理。

## 1 解析產品優勢

業務員應該知道，客戶購買產品的主要原因是看中產品本身的使用價值，而不是花俏的促銷手法和業務員的好口才。客戶也許會被這些因素一時蒙蔽，但當他們冷靜下來，仔細思考後，就會做出理智的判斷。所以，業務員將產品賣給客戶的最好方法，就是要準確解析產品優勢，把產品優點全面展示出來，用產品本身吸引客戶，使他們心甘情願地購買產品，實現銷售價值的最大化。

- 做好產品定位：業務員首先要對產品有一個清楚的認識，從產品的特徵、包裝、服務、屬性等多方面研究，並綜合考慮競爭對手的情況，做好產品定位。
- 分析產品優點：市場上同質化的產品越來越多，而客戶的需求也越來越多樣，若想要使產品得到客戶認可，就必須對產品有充分的認識，將產品優點展示給客戶。
- 突出產品與同類產品的不同之處：業務員要找到自己產品與其他同類產品的不同之處，提出一些競爭對手沒有提到過的優勢，這樣就能凸顯產品的不同，引起客戶的關注，吸引客戶主動來購買自己的產品，實現銷售價值。
- 將產品的不足化為優勢：每樣產品都不會是十全十美的，都有一定的

**不足或特別之處，換個角度看，這或許反能成為特殊的優勢。**

業務員要掌握一定的銷售技巧，將產品的不足化為產品優勢，使產品得到認可。善於解析產品優劣勢，找到銷售成交的關鍵點，這樣就能促使客戶購買，促進產品價值的實現，滿足雙方的利益需求，實現銷售價值的最大化。

## 2 準備好銷售資料，別在洽談時手忙腳亂

在向客戶銷售產品時，業務員會向客戶介紹許多產品資訊，但很多時候，客戶需要的並不是表面的泛泛之談，而是有說服力的證明。真實的資料具有很強的說服力，能有效證明產品品質和公司實力。所以，在與客戶交流前，你要事先準備好銷售資料，防止洽談過程中，因不能回答客戶提出的問題而變得手忙腳亂。

在一般人們的意識中，統計資料是經過精心測算並綜合廠商和使用者的經驗累積得來的，具有一定的可信度。因此，業務員要充分利用客戶的這種心理，主動向客戶提供銷售統計資料，以精確的資料與客戶溝通，增加客戶對產品的信心與業務員的信賴度。

在使用銷售統計資料時，業務員也要謹慎，以免使用不當，造成不利的後果。具體說來，業務員要注意以下幾個方面：

- **確保資料的真實性和準確性：資料最大的說服力就在於它的準確性和真實性，只有準確和真實的數據才能增強客戶對產品的信賴。**

- 不要大量羅列資料：人們在說話的時候，恰如其分的修飾語句可以使表達更加形象生動，也可以展示文采和才華；過多的資料陳列，可能反而讓對方難以吸收。
- 提高資料的可信度：銷售商談時，僅僅把資料展現給客戶還遠遠不夠，還要讓他們相信這些資料。
- 讓數據更具震撼力：與語言不同，統計資料意義單一、一目了然，容易讓客戶抓住確切資訊。但它與語言相比的一個缺陷就是過於枯燥，如果業務員在與客戶的洽談中，不能正確借助資料，就會使客戶失去繼續商談的興趣。

那在競爭激烈、產品功能大同小異的現在，該如何持續贏得消費者的擁戴？想知道怎麼抓住消費者，首先必須瞭解哪些方法可以驅動他們，方法其實只有兩種，分別是「操作」與「感召」。

## 1 操作

所謂「操作」，就是利用各種做法，影響消費者的購買意願。這是商業競爭中最常見的手法，透過各種行銷技巧，例如打價格戰、促銷花招，利用恐懼心理、同儕壓力或渴望……等等諸如此類的方式。而這些做法往往能快速衝出業績，因此企業總藉由大量的操作，來達到想要的目標。

操作雖然非常管用，卻也伴隨著代價。例如削價競爭雖然可以很快吸引一大堆搶便宜的顧客，可是一旦調回原價、或對手推出更低價格，消費者便會馬上轉向；同樣，若利用恐懼心理與同儕壓力，一樣也能讓你在

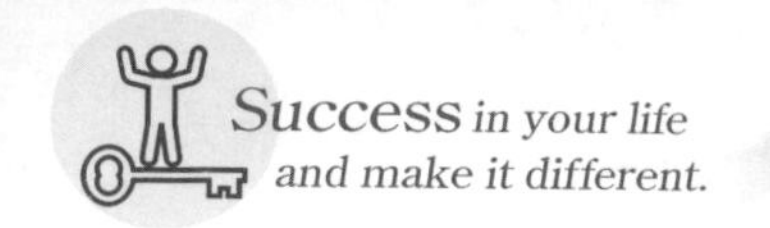


一開始就創造銷售高峰，但時間一過，就必須用更強的刺激，才能激起客戶回購的慾望。作家賽門．西奈克（Simon Sinek）強調，操作得愈久，消費者彈性就愈疲乏，代價也就愈高，到頭來所有好處都是曇花一現，只會留給雙方越來越大的壓力，更糟的是「沒有一種操作手法能真正創造出顧客忠誠度」。

## 2 感召

所謂感召，是透過企業所作所為的內在理念，以價值觀去吸引客戶的認同；與「操作」截然不同。企業若能遵從自己的價值觀行動，就等於為產品與服務在功能面外，賦予了更深層的心理意義，一旦客戶認同這些的理念，並看見企業確實地實踐，便會產生強烈的信任感。因此，從感召出發，才能成功創造品牌的價值，獲得長期的銷售勝利。

但不論是透過操作亦或是感召，最重要的是你要瞭解市場以及客戶的需求到底在哪裡？若不清楚需求，就無法制訂出適當的操作方法；若不清楚需求，就無法訂定出完整的企業理念。因此，你該做的不僅僅是操作和感召，而是先找出需求點再進一步規劃、行動，進而實現上述兩點，成功抓住客戶，並獲取利益。你或許可以參考下圖客戶需求金字塔，想想有哪些是你沒達到的。

##  技巧 3. 客戶就是你的樁腳，讓客戶主動替你宣傳

銷售領域裡有這樣一句話：「先交朋友，再做生意。」這是說業務員在做生意前，要先和客戶成為朋友；客戶是業務員最寶貴的資源，業務員與客戶成為朋友，建立起良好的關係，不僅比開發新客戶節省更多精力，還能讓客戶做免費的宣傳，幫助自己宣傳產品，且這類的宣傳，成交率通常都很高。永慶房仲集團前總經理廖本勝曾表示，公司裡頂尖的房屋

仲介，有高達九成的業績可能都是老客戶轉介的；有的人甚至因為客戶的介紹電話老是接不完，而沒辦法退休。全球最偉大的汽車銷售員——喬．吉拉德（Joe Girard）也說：「我有六成的業績來自老顧客與老顧客介紹的新顧客。」

「嗨，安，好久不見，你躲到哪裡去了？」喬．吉拉德微笑著，熱情地招呼著一位走進展示中心的客戶。

「嗯，最近比較忙，現在才來看看你。」安抱歉地說。

「難道不買車就不能進來看看？我還以為我們是朋友呢！」

「是啊，我一直把你當朋友，喬。」

「你若每天都從我這裡經過，我也十分歡迎你每天進來坐坐，哪怕只有幾分鐘也好。安，你做什麼工作呢？」

「目前在一家螺絲機械廠上班」

「哦，聽起來很棒，那你每天都在做什麼呢？」

「製作螺絲釘。」

「真的嗎？我還沒有看過螺絲釘是怎麼做出來的，方便的話找個時間去你那裡看看，可以嗎？」

「當然，非常歡迎！」

喬．吉拉德只想讓客戶知道他很重視他的工作，或許在此之前，沒有人有興趣問及客戶類似的問題。

等有一天，喬．吉拉德真的特意去拜訪安的公司，安喜出望外，他把吉拉德介紹給他其他的同事們，並自豪地說：「我就是向這位先生買車的。」吉拉德趁機給了每人一張名片，讓大家方便聯繫他。

喬．吉拉德透過與客戶交朋友，為自己建立起固定客戶，而且藉由固定客戶的介紹和宣傳認識了更多客戶，建立銷售關係網，替自己贏得更多的銷售機會，而這正是這位世界級銷售大師（以售車業績擠進金氏世界紀錄）成功的重要原因之一。

工作中，你一定要重視客戶關係的發展，與客戶成為朋友，再經由他們獲得更多客戶，完善和拓展自己的銷售關係網。具體做法如下：

## 1 贏得客戶信任

業務員想與客戶成為朋友，讓他們義務為自己宣傳，首先就要贏得客戶信任。你可以收集客戶的資料，了解客戶的興趣，然後再投其所好，搏感情做真正的朋友。

## 2 利用自己的關係幫助客戶解決難題

朋友是在困難時肯幫助你，也願意把好東西分享給你的人。試想，客戶憑什麼在自己的朋友面前替你做宣傳？當然是因為你們之間的關係良好，但這種關係不是幾句話就能換來的，你只有盡己所能幫客戶解決問題，服務夠貼心，才能贏得客戶更多的信任和認同，使你們之間建立起更深厚的友誼。

## 3 將貼心周到的服務進行到底

有些業務員在成交之後便不再與客戶保持良好的關係，使客戶覺得你與他「稱兄道弟」不過是為了成交而已，甚至覺得自己被欺騙了，這樣就很難在客戶心裡留下好印象，即便客戶下次想再買同樣產品，也不會把你列入考量名單中。

對於業務員來說，對客戶的服務應該要始終如一，即便在成交之後，你也應該繼續服務，做好售後服務並定期回訪。

業務員一定要對自己的工作、產品負責，不推卸責任，把服務進行到最後，讓客戶將這種貼心和周到的感覺烙印在心裡，這樣他才願意真心與你做朋友，幫你宣傳產品。據前中泰人壽（現已更名為安達人壽）總經理林元輝的觀察，保險業務員只要經營十個「家庭客戶」就夠了，他認為只要能得到這些客戶的信任，再靠樹枝狀的人脈轉介，生意就做不完。

##  技巧 4. 業務員都要會用故事行銷

一般人都誤解說故事行銷是指要「很會說話」或「很會寫作」，才能「很會賣」。其實，說故事行銷的核心價值在於「聆聽自己，啟發他人」，由自己出發，為商品挖掘、整理一個真實故事，在適當的時機，跟適當的對象講述適當的內容，進而影響他人採取行動——不只掏錢購買，還會主動傳遞口耳相傳，效果勝過千萬的廣告費。所以，故事是從創造開始，能「創造、整理、傳遞」故事，才是完整的「說故事行銷」流程。因此，任何人都可以「說故事行銷」，只要你願意聆聽自己內心真實的聲音；而業務員如果能善加運用「說故事」的能力，較容易締造業績。時任台灣賓士

汽車業務副理張明揚就是典型案例，他經常和客戶分享親身發生的故事，很多人聽完後，即便當下沒買，但日後想買車時總會優先想到他。

根據哈佛研究報告指出：「說故事可以讓行銷獲利八倍以上。」故事，是人類歷史上最古老的影響力工具，也是最具說服力的溝通技巧。業務員若擁有感人的服務故事，必定能引起客戶共鳴，進而成交。當然，你說故事的目的就是要證明客戶的選擇沒有錯，切忌不要用故事來反擊客戶，令對方難堪。你也可以用自己的實際案例或周遭家人、朋友的故事來告訴客戶為什麼需要這樣商品，會為他帶來什麼好處。故事行銷其實是在提供一種體驗，帶領人們身歷其境，給消費者一個真實感。一般而言，說故事行銷有以下三種傳遞方式：

## 1 書面文字

透過傳單 DM、書本雜誌或網路文章，以文字方式表達一個故事，其中以如何下吸睛的標題最為關鍵。以下介紹如何下標題的十種方法：

- 反邏輯：蘿蔔可以種在牆上嗎？
- 數字型：如何在一天賣出十六輛車子？
- 對比型：穿西裝的乞丐。
- 幽默型：別讓香港腳讓你跳起來！
- 引誘型：如果你還沒退休，請勿閱讀本文。
- 問句型：如何在一夜之間增加記憶力？
- 保證型：不好吃免錢。

- 同音型：玩一夏吧！
- 諧音型：如何讓你的財富兔飛猛進？
- 混合型：如何打造月入 30 萬的網站？

## 2 口語表達型

根據 7/38/55 定律，7％是你說的內容文字，38％是聲音語調，55％是肢體動作，故事要憾動人心，就要令人想聽→愛聽→心動→行動，所以必須掌握比重較高的聲音語調和肢體動作這兩大部分。

聽眾會從你的表情、姿勢、手勢、服裝、眼光移動、音調和語氣等來接收你傳達的訊息，最大的禁忌就是讓人感到無聊。

## 3 聲音影像

你可以透過照片加背景音樂或一支廣告影片來訴說一個故事。7-11 曾經有一支廣告是這樣演的……

一個美好的清晨，孫爺爺在 7-11 超商取了一份報紙走向櫃台，店員親切地打招呼說：「孫爺爺早啊！你今天還是要一份報紙……」接著，店員與孫爺爺不約而同地說。「一個茶葉蛋！老規矩！」店員微微笑回答：「好！沒問題！」兩人繼續問候閒聊，畫面秀出「7-11 和你在一起」的字幕。

7-11 選用溫馨小故事，來塑造企業形象，傳達「7-11 就在你身邊，和你在一起」的親切感。

多說一個小故事，能讓客戶多認識你一些，且說故事，還可能創造出需求與商機；客戶的需求若能在你的熱情分享故事之下被喚醒，自然也會多一份商機。業務員在與客戶進行第一次見面時，可以簡單地分享自己的人生小故事讓客戶更快認識你，甚至是說一個創辦人的小故事也好，讓他更了解公司；遇到客戶對產品有所疑慮時，則可以說說其他客戶的見證故事，發揮「信心傳遞」與「情緒轉移」的效果。身為業務員，若想把重要的銷售訊息，說到客戶心坎兒裡，不妨好好運用說故事的力量，從「講一個好故事」，為客戶創造「擁有之後的願景」。透過說故事，巧妙投射出對方想要的願景，促成客戶購買的欲望。你主動說一個故事，出發點就是為了讓雙方有更好的發展，相信對方一定可以感受到你的用心。

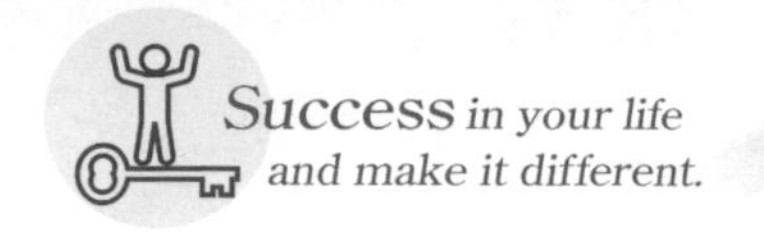


# 5-6 銷售三大絕招

「我人生從來沒有一天工作沒有行銷，如果我相信一件事，我會推銷它，而且我會努力推銷。」

——雅詩．蘭黛 Estée Lauder

## 絕招 1. 追求你與客戶的最大利益

業務員在與客戶溝通後若能達成「雙贏」的結果，可以說，這個業務員是優秀的，但還稱不上卓越；卓越的業務員不僅能實現「雙贏」，還能讓自己和客戶都從這場交易中獲得最大的利益，什麼意思呢？這是指在有限的條件下，客戶能從這項交易中得到了想要的產品、服務，獲得相對最大的心理滿足，而業務員也能在這個基礎上得到充分的回報。

對業務員來說，要達到這種境界並不容易，但一旦達到，就能贏得長久穩定的客戶群，使銷售業績居高不下，工作做得如魚得水，輕鬆無比。

在一些高效運轉的大企業中，企業與員工之間都遵循著利益最大化的原則，使企業既留住精英，又得到可觀的利潤，讓企業運轉成功，長久經營下去。所以，業務員也應該借鑑此管理知識，懂得在銷售中把握利益的流動，藉由利益得到利益。

接下來，將告訴你如何才能實現自己和客戶利益最大化？

## 1 站在客戶角度，從客戶的利益出發

不論在銷售還是服務時，業務員都應該站在客戶的角度思考，針對客戶需求介紹自己的產品，讓客戶明白他接受你的產品會得到什麼好處。只有客戶在明確自己的利益後，才會對產品產生購買欲望，交易才能夠進行下去。

莉莉是一家房地產公司業務員，他們最近在推一個新建案，所有的人都忙著賣屋，莉莉也不例外。但是因為建案較為偏遠，很少會有客戶詢問。

一天，莉莉終於接到一位看房的客戶，於是莉莉趕緊向客戶介紹他們的房子：「您看我們的房子怎麼樣？我們大樓四周環境優美，風景秀麗，安靜宜人，很適合居住。」在莉莉的熱情介紹下，客戶也流露出一臉興致，莉莉順勢接著說：「要不帶您去看看樣品屋吧！」

客戶欣然接受了莉莉的請求，跟著她來到了樣品屋。莉莉知道這位客戶是一位高學歷的商務菁英，對書房的要求很高，於是特意把他帶進書房，並且順手拿起桌上一本書遞給客戶，讓他坐下在書房裡體驗一下閱讀的樂趣。而客戶確實也是一個愛讀書的人，坐下來讀了會兒書，不由發出感慨：「這個地方真安靜，是個讀書的好地方，我喜歡。」

有了一個好的開始後，莉莉再把客戶帶到其它房間參觀，給客戶留下了很好的印象。而在莉莉的一再努力下，對方終於決定買下這個新建案的頂樓。

莉莉之所以能成功，是因為她發現了客戶買房時的主要訴求——希望擁有一個可以安靜閱讀的空間。莉莉不但抓住還滿足了對方這點需求，因而順利地賣出房子；這就是業務員站在客戶的角度去替客戶想其所需的好處。

業務員可以透過詢問，了解客戶購買產品的原因、目的，或者是觀察客戶的言談舉止，了解客戶需求是什麼。比如客戶買房子時，有孩子的父母考慮的是孩子活動的空間及優良學區；老人想要安靜、方便進出的環境；上班族則希望房子周遭機能性、通勤是否方便等等。只有了解並滿足客戶的心理需求後，交易自然就更容易成功了。

## 2 提供對客戶而言最有價值的產品

有些業務員為了獲得更多利益，會想方設法地推薦客戶較高價的產品，其實這是不正確的；同樣，有的業務員會為了節省交談時間和精力，逕向客戶介紹某件熱銷的產品，這也是不正確的。雖然這樣做能讓業務員在短時間獲得可觀的收益，可一旦客戶發現產品昂貴又不適合自己，或是使用起來不便且不順心，這對業務員來說，都是一種潛在危機。因為客戶會將不滿的信號傳遞給其他人，使潛在客戶數量減少，間接影響到長期你的收益；最終結果則是自己和客戶兩敗俱傷，誰都沒得到最大利益。

為了給客戶盡可能多的利益，更為了保護自己的利益，業務員千萬不可只顧眼前，短視近利；你要結合客戶需求和特點，向對方推薦最有價值意義的產品，這樣客戶才能買得放心，用得舒心，並把自己的感受告知身邊的人，替你招來更多客源。這樣不僅客戶獲得利益，你也為自己的銷售打下基礎，保護了自己潛在的利益。

### 3 讓客戶了解到真實情況

有些業務員會為了獲得更多利益，而刻意規避一些事實，如產品的某個缺點，或是服務上的某個漏洞，認為這樣就能揚長避短，但其實這是在折損自己的利益。客戶不會永遠被蒙在鼓裡，業務員贏得的是暫時的利潤，一旦客戶發現產品的真實情況，你在客戶心中的印象就會一落千丈，他絕不可能再與你合作第二次；不讓客戶了解真實情況的下場，就是讓自己成了最後的利益損失者。

### 4 與客戶進行條件交換

做生意其實就是買方與賣方的條件交換，賣方提供產品、服務和技術，換取買方的金錢或其他等價的利益交換，進而形成買方與賣方的成交與合作。在銷售中業務員也應該充分借助這個原則，用等價的產品或服務，換取利潤以及客戶的信任。

##  絕招 2. 提供有效建議，讓客戶不能沒有你

客戶在購買產品時，最浪費時間和精力的莫過於選擇產品的過程。為了買到滿意的產品，有的客戶會思前想後，權衡利弊，花很長的時間斟酌產品與自身需求之間的差異。而業務員都不願看到這種情況，但這卻是銷售必經的過程。其實客戶何嘗不想快點買到符合自己需求又物美價廉的產品呢？對業務員來說，在這個過程中為其提供好建議，正是贏得客戶的好機會。

在客戶選購產品時，如果你能提供他非常有幫助的建議，不僅能減少銷售時間，還能取得客戶更大的信任，客戶不只會購買產品，使用後也會願意繼續找你諮詢。這樣一來，你就把客戶的心套住了。客戶覺得你在購買過程中非常重要，甚至覺得沒有你就無法選擇到最適合的產品，這時你在客戶心中的地位就建立起來了。

只有適時、適當地為客戶提出最有建設性的意見，才能贏得客戶的信服。作為業務員，你應該從客戶實際情況出發，向客戶提供最完善的建議，讓客戶覺得不能沒有你。但提建議以俘虜客戶的時候，有一些要點是你要注意的：

### 1 先服務別人，再滿足自己

當你準備要開始談一筆生意時，想想你花多少時間去瞭解客戶要什麼？還是大部分時間都只想到自己要講什麼？如果你是一名汽車業務員，你會馬上建議客戶去試車、急著介紹車子的各種功能來促成交易，還是先

了解顧客的需求呢？

成交的關鍵是「先服務別人，再滿足自己」，不要因為有業績壓力，而忽略了客戶的需求，腦中只想著催促客戶趕快購買。你應先想著如何滿足顧客的需求，之後才推薦自己的產品或服務，確實符合他們的需求，因而成交達到自己的業績需求。

業務員了解客戶到底要什麼，才能給客戶提相關的建議。所以，你要做的就是挖掘客戶的潛在需求，關注客戶的興趣是什麼、關心什麼、有什麼需求是必須滿足的……只有業務員了解了，才能給客戶想要的。而你可以用觀察、傾聽、詢問等方法去挖掘客戶想要的「餌」，只有了解客戶的「習性」後，你才能順利釣起客戶這條「魚」。

## 2 建議的時機點要恰當

客戶在購買產品時，常常會因為很多問題讓他們猶豫不決，業務員若在這時為客戶提出建議，就能獲得客戶的重視。一般來說，客戶如果真心想要購買產品，通常在業務員的幫助下，他們都會說出自己內心的想法，不用擔心會引起客戶的反感。以下幾種情況是客戶想尋求幫助時的會表現出來的癥兆，應該要特別注意：

- 客戶總是把目光投向業務員，這時客戶的潛臺詞就是在說：「我拿不定主意，你來幫我吧！你若能及時出現在客戶身邊，為他釋疑解惑，肯定可以幫客戶做選擇。
- 客戶反覆拿起幾件不同的商品，這時客戶內心的 OS 其實就是在說：

「我想買產品，不知道選哪個好！」業務員這時可以根據客戶需求或生活背景，幫助客戶做出選擇。

- 打電話向別人求救，若這時客戶尋求可以為他做決定的人，業務員可以用真誠態度征服，讓客戶信任自己並幫助客戶做出選擇。

## 3 站在客戶角度尋找有利於客戶的方案

客戶在做決定時也許會覺得自己表現得猶豫不決，而這是很正常的，因為在實際挑選時，客戶會發現產品並不能完全滿足自己的實際需求，或是發現產品並不像自己預期的那樣，即使了解到產品有某些突出的新優點，他也不會馬上接受，反覆猶豫著到底是堅持自己原來的想法？還是試著了解和接受產品的其他優點？他會在心中做出一番衡量，折衷選擇自己所需的，近而做出購買產品的決定。

千萬不要期望客戶能馬上接受產品，至少要給對方一些思考和衡量的時間，也不要催促客戶做決定。有時候，客戶放棄購買產品並不是他真的不想買，而是在業務員的催促下，而失去了衡量和選擇的耐心。特別是在產品無法完全滿足客戶原始要求的情況下，你要給客戶一些時間，多引導他們了解產品在另一方面的優勢，盡量淡化原有需求，將他們的注意力集中到產品的其他優點上，充分調動和利用折衷心理，才能讓客戶做出購買決定，符合你的期望；業績數字是一時的，取得客戶長期信任才是最重要的。

### 4 給客戶盡可能多的選擇

客戶在選擇產品時會有折衷心理，但也希望能有更多的選擇，以便能妥善地思考到底要購買哪種商品。若業務員了解到客戶這種心理，在推銷的時候，就應該給對方更多選擇的餘地。比如多準備幾種不同的品質、款式、加工方法、價格的產品，讓客戶能在大範圍內有充分的選擇性。如果業務員不顧客戶的感受，讓選擇過於單一，則會讓客戶在折衷選擇的過程中失去興趣，錯失成交良機。

在發現產品不能完全滿足客戶需求時，你不僅要多強調產品的優勢，同時還要結合客戶情況，多給客戶幾種選擇，充分挑動客戶的折衷心理，讓他能在不同類型和性能的產品中選擇出對自己最有利的，最後達成交易。

## 絕招 3. 創造顧客忠誠度：從「為什麼」、「怎麼做」到「做什麼」

黃金圈，由外而內分別代表了一家企業或一名業務員行動的成果、做法與價值觀。所有人都知道自己在「做什麼」、有些更知道自己該「怎麼做」，但只有少數人能完整闡釋自己「為什麼」而做。

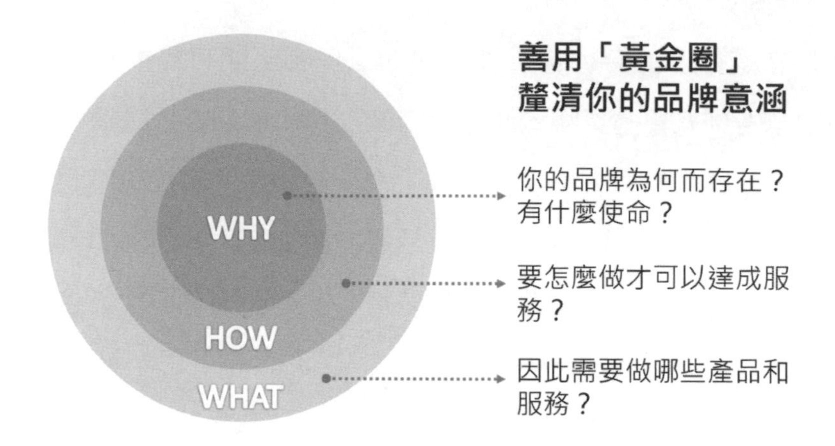


## 1 做什麼（What）

無論規模大小、身處哪個行業，世界上任何公司的員工都應該知道自己在做什麼，每個人都要能說明公司提供什麼商品、或自己在公司負責什麼工作；換言之，定義「做什麼」，非常容易。

## 2 怎麼做（How）

有些人知道怎麼做好自己的工作，諸如「專業流程」、「獨特賣點」等，但大家通常都用「怎麼做」來解釋自家產品或服務為何優於其他事物，所以很多人都以為是「怎麼做」決定了一家企業產品與服務的優異與否，但其實不然。

## 3 為什麼（Why）

「為什麼」指的並非原因，而是結果，它是一個目的、使命和信念，例如公司為什麼存在？你每天為什麼起床？別人為什麼要在意你們的商品？通常只有少數公司能清楚闡明這點，且真正能夠吸引大家購買的理由，不是一家企業做什麼或怎麼做，而是為什麼而做。

因此想要打動消費者，就必須用正確的內容與順序和大眾溝通：從「為什麼」開始，向客戶闡述自己的目標、理想與願景；然後告訴消費者自己是「怎麼做」，採用哪些方法與技術，來達成這項理念；最後則是「做什麼」，也就是向對方展示所達成的成果。唯有先理念再成果，客戶才會相信這家企業真的秉持某種價值觀行事，也才會成為企業的支持者。可以說，唯有從為什麼開始，才能真正啟發客戶的熱情，激勵其採取行動。

Part 6

# 態度萬歲

態度　定位

　　如果你是一隻雄鷹，就不要在乎麻雀怎麼看你，因為你飛行的速度、高度、力度、角度，它看不見、看不懂；麻雀只會根據自己的能力衡量你，他怎麼會知道你要飛向哪裡，去向何方呢？

　　所以人生最重要的是認識自己，知道自己的目標、方向和實力，而不要在乎別人如何議論你，努力到無以倫比，奮鬥到感天動地，問心無愧就好。

Success
in your life
and make it different.

# 6-1 如何面對挫折

「人在逆境裡比在困境裡更能堅強不屈，遭厄運時比交好運時更容易保全身心。」

——雨果 Hugo

##  不因挫折而一蹶不振

我認為，生命給我們的挫折都有其用意，所以我們要勇敢接受這個最專業的祝福，從中學習，換個方法再繼續。

當一個人身處順境，尤其是春風得意時，通常很難看到自身的不足和弱點。惟有當他遇到挫折後，才會反省自身，弄清弱點和不足，以及自己的理想、需要與現實之間的差距，進而克服自身的弱點，調整自己的理想和需要，重新培養成功最基本的條件。因此，挫折是人生的催化劑，經歷挫折、忍受挫折是人生修養的一門必修課程。

雖說經歷挫折有一定的好處，可以鍛鍊意志，培養其在逆境中經受挫折失敗後再接再厲的精神，但不斷地遭受挫折，老是陷於挫折之中也是

不可取的。長久下來，會導致壓力太大，使人格發生根本性變化，從而變得冷漠、孤獨、自卑，甚至執拗。

所以，面對挫折時，既不文過飾非，也不委過於人。只要認真分析，瞭解挫折發生的原因，正確地採取應對的辦法，同樣可以變逆境為順境，化失敗為成功。所以面對挫折時，你可以試著採取以下方法。

## 1 瞭解自我，接納自我

自怨自艾者通常因過分依賴或在競爭中承受太多次的失敗，使自己處於「你行我不行」的負面情緒，於是束縛、貶抑自我，形成過多的焦慮而毀了自己；自暴自棄者不甘心說「我不行」，但又無正確的方向，缺乏能力表現自己，於是放縱自我、踐踏自我，結果開始反抗社會、害人害己；自傲自負者自命不凡、自吹自擂，無法認清自我，欺人一時，欺己一世，無所作為；自信自強者則清楚瞭解自己的動機和目的，正確評估自己的能力，對自己充滿自信，對他人深懷尊重，他們認為在認識自己的前提下，沒有什麼是無法戰勝的，於是邁向「你行我也行」的康莊大道，藉由充分認識自我，發揮最大潛力。

## 2 正視現實，適應環境

成功者總能與現實維持良好的接觸，一方面他們能發揮自己最大的能力去改造環境，以求外界現實符合自己的主觀願望；另一方面，又能在力不能及的情況下，另擇目標或重選方法以適應現實環境。

## 3 接受他人，善與人處

人是群居動物，在人群中不僅可以得到幫助，獲得資訊，還能在互動之中使喜怒哀樂得到宣洩和分享，從而保持心理平衡、健康。人都是需要朋友的，樂於與人交往，和他人建立良好的關係，是善待挫折重新崛起、獲得成功的先決條件之一。

## 4 熱愛工作，學會休閒

工作最大的意義不在於獲得實質的報酬，它其實還具有另外兩方面的意義：一是表現出個人的價值，獲得心理上的滿足；二是能在團體中表現自己，以提高個人的社會地位。

然而現代社會生活節奏加快，不少人情緒長期緊張。因此我們要學會合理安排休閒時間，變換休閒方式，讓生活豐富多彩，恢復體力，調整心態，獲得身心健康。

吉拉德（Joe Girard）還有個「青蛙原則」的故事，有一天他拜訪客戶到很晚，績效不佳，垂頭喪氣地走路回家，因尿急只好在路邊解決，他發現自己正好尿在一隻青蛙頭上，但青蛙並沒有因此跳走；他心中頓時有所感悟，認為被客戶潑冷水又算什麼，明天不又是一個好日子嗎？於是，他振奮起精神，持續努力，創造出傲人的記錄。

卡內基（Dale Carnegie）也說，一般人或許會認為挫折只會給我們帶來負能量，令一個人變得一蹶不振。但其實不然，在挫折的磨礪下，我們將變得更勇敢，甚至會因為挫折而激發出體內的正能量。人生的路途上不可能永遠一帆風順，它充滿了荊棘和坎坷，等著我們跨過去，如果你在人生挫折前選擇逃避，那麼你將永遠錯過成功的機會。每個人都應該學著和挫折做朋友，當你把它當朋友時，你會發覺其實它並沒有那麼可怕，因而鼓起勇氣去戰勝它。人生就好比一張白紙，挫折是白紙上那星星點綴，當你走完一生，回頭一望，你會發現正是那些挫折使你登上成功的頂峰，人生正因為挫折而變得豐富精彩。

現今，卡內基的課程受到大眾廣泛的迴響，贏得很高的聲譽。但其實並不是所有人都認為卡內基的課程是有十分有效的、實用的，在卡內基剛開始推廣課程的過程中，也曾遭遇一些人的非議和責難。

戴爾．卡內基初期在青年會夜校授課，他把全部的精力都投入到「卡內基課程」上，且他為了讓課程有明確的教學主題，每堂課都自己著手策劃、準備；但光靠他一人準備上課資料，實在是忙不過來。某天晚上，他只好宣布停課一次。這引起部分學生嚴重不滿，因此鬧到青年會主任那裡。主任得知後，毫不客氣地對他說：「先生，你必須記著『你的課程，學生們並不怎麼滿意。』不要以為你現在一堂課能拿到三十美元很了不起，若你再如此怠惰，不認真工作的話，我就讓你永遠告別青年會！」

面對這樣的警告，卡內基並沒有生氣，平靜地接受了因為停課，而導致學生不滿的事實。隔天，當他踏進教室準備上課時，有位學生站出來公然反抗：「卡內基先生，你所教的一切都與我們要學習的知識無關，我們不需要心理醫生替我們上課，我們要的是一位充滿機智的老師，而不是像你這種只會胡說八道的人。」台下其他學生聽到之後，開始吹口哨、拍桌子，眾人鼓譟起來。卡內基手足無措地站在那裡，這時主任來了，宣告卡內基在青年會的教學就此結束。

卡內基狼狽地離開了青年會，但他不甘心自己所創立的事業半途被夭折。之後他每天到圖書館查閱資料，為自己的課程做準備，後來在一位朋友的幫助下重新開始了卡內基課程。

每當卡內基陷入困境時，他就想起一句話：「我們最重要的工作，並非眺望遙遠、朦朧的事物，而是實行切近、明確的工作。」雖然，卡內基最初因為課程遭到非議，而離開了青年會。但他用自己的能力及毅力克服了當時的挫折，之後又再次透過此課程建立起自己的事業，而且還越做越好，走向成功之路。

成功的歷程就是戰勝困難和挫折的歷程，所以，面對生活、工作的挫折時，不要退縮，要以一顆樂觀的心去看待，正是因為挫折，你的人生才充滿精彩。

## 1 學會接受已發生的事實

在我們日常的生活中，也可能會遭遇到像卡內基一樣的挫折，這時，你就要學會接受已發生的事實，然後再尋找其它解決的辦法，讓自己從挫折中站起來。有的人可能會想，假如有一天我失去工作了怎麼辦？假如有一天我老了怎麼辦？假如有一天我失去健康了怎麼辦？假如有一天孩子不成才怎麼辦？假如有一天所有親朋好友都對我不友善怎麼辦？但我們連那天是否到來都不知道，為何要讓自己不斷陷入焦慮當中呢？倘若真的發生了，那我們就選擇接受，並努力尋找辦法、改變現實，千萬別讓自己陷入焦慮的漩渦當中。

### 2 因為挫折才會讓人生變得更精彩

人生中的挫折並不可怕，重要的是你是否有戰勝它的信心。在面對挫折時，我們要用自己身上的正能量去征服它，你笑得越燦爛，它就越怕你；當你自信滿滿地從它身邊經過時，它就會不戰而退。有一天，你會發現，正是那些挫折讓你的人生豐富、充實起來。我們的人生不會因為挫折一蹶不振，而是因為挫折才充滿精彩。

## 除非你放棄，否則你就不會被打垮

洛克斐勒（Rockefeller）說：「除非你放棄，否則你就不會被打垮。」的確，一個人能否做好一件事，首先看他是否具備良好的心態，以及是否具備十足的信念，持續堅持下去。信心大、心態好，解決問題的辦法才多。所以，信心多一分，成功自然就能多十分；唯有投入才能收穫，付出才能傑出，永遠不要被自己的缺點所迷惑而止步不前。

成功的人在遭受挫折和危機的時候，仍然頑強、樂觀和充滿自信；而失敗者往往退卻，甚至是甘於退卻。我們應該學會自信，成功的程度取決於信念的程度。

有時候，你可能因為自信心不夠，一件事情還沒做，便去考慮失敗後的結果，導致內在潛能得不到充分的調動與發揮；因此，我們要避免與

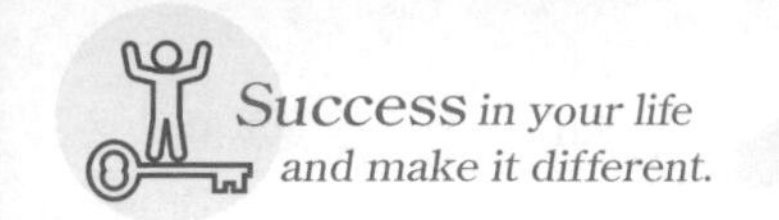


擺脫這種心理上的失衡，必須表現出一種強者的風範，敢於面對困難與挫折，並始終懷著必勝的信念去克服、戰勝困難，堅定不移地朝著成功目標邁進；培養自己的「強者」意識，絕對是度過心理危機的最佳良方。

1909 年 2 月 12 日，是林肯（Lincoln）誕辰一百週年的日子，洛克菲勒給兒子小約翰寫了一封信，其中，他講述了林肯的故事：「他的出生很卑微，他甚至是一名私生子，並且相貌醜陋，言談舉止都不討人喜歡，這些缺點讓敏感的林肯感到很自卑；最後，他決定靠自己的力量改掉這些缺點。於是，他拼命自修以克服自己的知識貧乏和孤陋寡聞；他更學會利用燭光、水光反射來讀書，儘管導致他的視力銳減。但他的頭腦越發豐富、知識甚廣，使他開始充滿了自信，最終擺脫自卑，成為有傑出貢獻的美國總統。

正如洛克菲勒所說的，每個人都有歷盡滄桑和飽受無情打擊的時候，但很少有人能像林肯那樣不屈不撓。每次競選失敗，林肯都會激勵自己：「這不過是滑了一跤而已，並不是死了爬不起來。」這句話使林肯擁有能克服困難的力量，更是他最終享有盛名的利器。林肯的一生展現了一句偉大的真理：「除非你放棄，否則你不會被打垮。」

可見，只有我們摒棄自卑，才能成為強者；你要記住洛克菲勒的話：「世上沒有一樣東西可以取代毅力；才幹不可以；教育也不可以。懷才不遇者比比皆是，一事無成的天才很普遍，世上充滿了學無所用的人，只有毅力和決心無往不利。」

一組世界探險隊準備攀登馬特峰的北峰，在此之前從來沒有人到達過那裡，因而吸引記者前來對這些世界各地的探險者進行採訪。

一位記者問其中一名探險者：「你打算登上馬特峰的北峰嗎？」

他回答說：「我盡力而為。」

記者問另一名探險者：「你打算登上馬特峰的北峰嗎？」

這名探險者答道：「我會全力以赴。」

記者問了第三名探險者同樣的問題。他說：「我將竭盡全力。」

最後，記者問一位美國青年：「你打算登上馬特峰的北峰嗎？」而這名美國青年直視著記者說：「是的，我要登上馬特峰的北峰。」

結果，只有一個人登上了北峰，就是那個說「我要」的美國青年。他一開始便想像自己到達了北峰，他也確實做到了。

的確，信念上超前一些，行動就會領先一步，成功機率自然也大一些。當渴望成功的欲望像你需要空氣存活那樣強烈時，那你就一定會成功。

美國鋼鐵大王卡內基（Andrew Carnegie），少年時期從英格蘭移民到美國，他當時真是窮透了，但他憑著「我一定要成為大富豪」的信念，讓他在十九世紀末的鋼鐵業大顯身手，而後涉足鐵路、石油，成為商界富豪。洛克菲勒、摩根也都是滿懷企圖心，以欲望為原動力，而成為企業家，市場上的勝利者。

威爾遜（Woodrow Wilson）也有句名言：「要充滿自信，然後全力以赴。假如你具有這種信念，任何事情都能成功。」現今，任何人都想成就一番大業，但光憑單槍匹馬的奮鬥是不夠的，它需要更多人的支援和合作；所以，自信就顯得尤為關鍵。一個人只有先相信自己，才能說服別人來相信你，如果連自己都不相信，那這意味著你已失去世界上最堅強的後盾。

我們追求成功的過程就像攀登高峰，在攀登的過程中，難免會感到疲倦，難免想放棄；但是，你始終要記住，再堅持一秒，你才能看到山頂那美麗的風景。總之，每個人的內在都有著無限的潛能，千萬別被挫折輕易地打敗。

##  失敗，是一種激勵

成功者也並非是一開始就取得成功，他可能也要面對多次的波折與挫敗，也必須在失敗面前，經得起考驗才得以成功。請記住，成功的人，只不過是在失敗的時候，比我們多爬起來一次而已。

1954 年的世界盃足球賽（FIFA World Cup），巴西人都認為巴西隊一定能拿下本次世界盃賽的冠軍，然而天有不測風雲，巴西在決賽中意外地敗給了對手，那個金燦燦的獎盃最終沒有被帶回巴西。球員們悲痛至極，他們已做好心理準備，回國迎接球迷的辱罵、嘲笑和汽水瓶；因為足球可謂巴西的國魂。

飛機一進入巴西領空，他們便開始坐立不安，他們心裡清楚明白，此次回國凶多吉少。然而，當飛機降落在首都機場時，映入眼簾的卻是另一種景象：總統和兩萬多名球迷默默地站在機場上，他們手裡共同舉著一個大橫幅布條，上面寫著：「失敗了也要昂首挺胸。」

巴西隊員們見到這番情景，頓時淚流滿面，他們把這次的失敗當作激勵自己前進的動力；四年後，也就是 1958 年，巴西隊終於如願捧回世界盃冠軍。

只要你能夠站起來，「倒下」就不算是最終的失敗。你一定要從失敗中汲取經驗教訓，讓每次的失敗轉化為繼續向前奮鬥的動力。

世界上沒有絕望的處境，只有對處境絕望的人。對於真正的奮鬥者而言，破產只是一時；不去奮鬥，一生才必將貧窮潦倒。只要你沒有失掉勇氣，敢於拼搏，將失敗轉化成動力，就一定能取得成功。

「年輕的本錢，就是有時間失敗第二次。」等我們老了，就沒人肯聘雇我們工作，所以，年輕時努力奮鬥是很重要的，我們要牢牢記住這個原則，鼓勵自己堅持下去；因為每一次的失敗都增加了下一次成功的機會。這一次的拒絕就是下一次的認同；這一次皺眉就是下一次舒展的笑容；這一次的不幸，往往代表著下一次的好運，我們要心存感激，唯有跨越每次的失敗，才能抵達成功的終點。

曾有一位哲人說：「心態就是你真正的主人。」一位偉人說：「要嘛，你去駕馭生命，要嘛，就是生命駕馭你。你的心態將決定誰是坐騎，誰是騎師。」懂得駕馭失敗的人，等於駕馭了自己的命運，那麼失敗就不再是失敗，反而變成通向成功不可缺少的動力。

## 對失敗心存感激才能越挫越勇

失敗讓人告別天真，告別癡狂，告別魯莽；失敗讓人成熟，讓人理智，

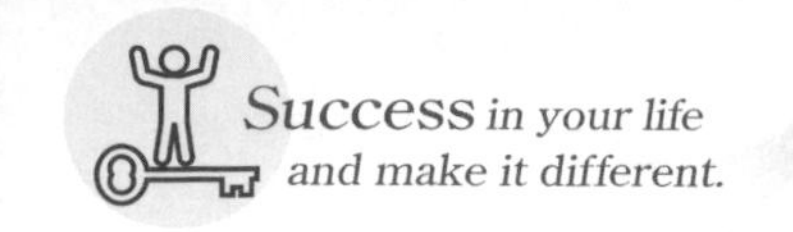


讓人完美；失敗讓人清醒，讓人堅強；失敗是一面鏡子，讓人看清自己，看清他人，更看清世事。感謝失敗，失敗是一劑苦藥，苦口卻利於病，逆心卻利於人。

失敗並不可怕，可怕的是失去面對失敗的勇氣。生活不可能一帆風順，大大小小的失敗、挫折不計其數，如果我們沒有一個良好的心態，沒有一顆感恩的心，那麼等待著你的將是更大的失敗。生命中，當我們受到某個人幫助時，我們會以一顆感恩的心銘記一生；而面對失敗，我們卻一味地認為它是專和自己作對的敵人。其實一個人能有所作為，失敗是功不可沒的，只要我們換一個角度去想，重新給失敗定位，用一顆感恩的心對待它，失敗所帶給自己的益處可能比成功更有價值。

在職場中打拼，難免遭受挫折與不幸，甚至失敗。例如，你的想法得不到上司的肯定，公司同事刻意阻撓你工作，或是當你主動提議時遭到白眼、不被採納等。

我們在挫折和失敗面前要有一種永不言敗的心態，感激失敗給予自己的考驗；感謝失敗給自己指出的正確道路，我們才有希望摘取成功的桂冠。失敗是成功之母，失敗並不可怕，關鍵是要有從跌倒的地方站起來的勇氣和心態。

卓越員工之所以能在職場勝出，其秘訣在於正確面對失敗。有些人將失敗看成打擊，將前一次失敗種下另一次失敗的種子，這才是真正的失敗者；有些人則將失敗作為一種收穫，每一次的失敗都增加了下一次成功的機會，屢敗屢戰，鬥志一次比一次更高，越戰越勇，最終勝利自然會光顧他們。

帕里斯燒製的彩陶是法國人心目中最珍貴的陶器，他用了整整十六年的時間，經歷了無數常人難以想像的失敗和磨難，才獲得了成功。

1510 年，帕里斯出生在法國南部，他長大後一直從事玻璃製造業，直到有一天，他看到一隻精美絕倫的義大利彩陶茶杯，因而徹底改變自己的命運。他建起烤爐，買來陶罐，打成碎片，開始摸索著進行燒製，幾年下來，碎陶片堆得像小山一樣，但心目中的彩陶仍不見蹤影，他的生活日漸窘迫，只得回去重操舊業，掙錢維持生計。

他賺了一筆錢後，又繼續燒陶三年，碎陶片一樣在磚爐旁堆積成山，仍沒有結果。之後連續幾年，他持續掙錢買燃料和其他材料，不斷地試驗，始終沒有成功。

長期的失敗使他成為人們眼中的異類，每個人都說他愚蠢，是個大傻瓜，連家裡的人也開始埋怨他，但他默默地承受著這一切。

試驗又開始了，他十多天都沒有離開過，日夜守在爐旁。燃料不夠，他拆院子裡的木柵欄；又不夠了，他便把傢俱搬出拆解，扔進爐子裡；還是不夠，他開始拆屋子裡的木板。

馬上就可以出爐了，多年的心血終於要有回報了，可就在這時，只聽爐內「磅」的一聲，不知是什麼爆裂了，所有陶器都沾染上了黑點，全成了次品，眼看到手的成功，又失敗了。

但他還是沒有放棄，經過十六年的艱辛歷程，他終於成功了，他的作品成了稀世珍寶，價值連城，藝術家們爭相收藏；他燒製的彩陶，至今仍在法國的羅浮宮裡閃耀著光芒。

帕里斯的成功之路是如此艱辛而漫長，他的成功得來不易，而在一次又一次的失敗中一次又一次重新站起，正是帕里斯成功的秘訣所在。一帆風順的人很難到達事業的頂峰，不經歷挫折，他們的潛力就無法真正發揮出來。

檢驗一個人，最好的時間點就是在他失敗的時候，看失敗能否喚起更多的勇氣；看失敗能否使他更加努力；看失敗能否使他發現新力量，挖掘出潛力；看他失敗後是更堅強，還是就此心灰意冷、一蹶不振。

每一次失敗，都是一次成長的機會，若逃離失敗、躲避失敗，就可能把一個人的活力與成長權利剝奪殆盡。

失敗是超越自我、成功勝出的重要推力，每一次失敗都是對自己信心的磨練，透過失敗你能增加勇氣、考驗耐心、培養能力，促使你在逆境中勝出。

# 6-2 如何面對被拒絕

「種子不落在肥土而落在瓦礫中，而有生命力的種子決不會悲觀和嘆氣，因為有了阻力才有磨練。」

——夏衍

## 拒絕只是一種習慣

很多時候，拒絕只是一種習慣。銷售代表訓練之父耶魯馬．雷達曼曾說：「銷售就是從被拒絕開始！」世界壽險首席業務員齊藤竹之助也說：「銷售實際上就是初次遭到客戶拒絕後的忍耐與堅持。」傑克．里布斯曾說：「任何理論在被世人認同之前，都必須做好心理準備，那就是一定會被拒絕二十次，如果你想成功就必須努力去尋找第二十一個會認同你的識貨者。」

當你向客戶推銷產品時，較有修養的人會告訴你目前不需要，有的人會說沒有這筆預算，還有人會說工作比較忙，更甚者是理都不理你，方式雖然都不相同，但都遭到了客戶的拒絕。你是否想過，你失敗的原因到底是什麼呢？而你又該如何去做，是堅持不懈從頭再來？還是萎靡不振失去信心？當然，會被拒絕的人不僅僅侷限於業務員，我們一般人在生活中也常常被他人拒絕，像你的老闆或是朋友，不同意你的意見，拒絕接受你的建議……諸如此類的事情，在你我身邊都很常發生。

但遭到拒絕，我們就要轉身離去嗎？如果是這樣，那你就大錯特錯了，堅持下去，才有可能守得雲開見月明。但如果像狗皮膏藥一樣黏住，會使對方更反感離你遠遠的，所以，堅持三分鐘，成敗或許就在轉瞬之間。三分鐘的堅持恰到好處，告訴對方，不管是客戶還是老闆，甚至是你的朋友：「請給我三分鐘的時間，如果三分鐘你以後還是沒有興趣，我馬上打住。」通常，對方都不會拒絕這樣的請求。

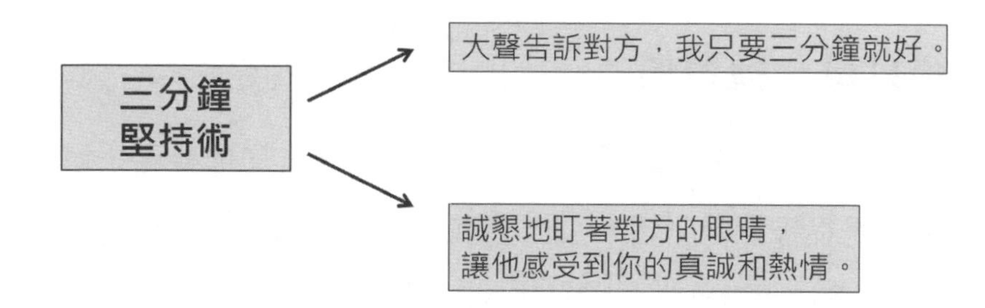


要想成長為一位成功的人，就要在面對拒絕的時候，表現出從容不迫的氣度和胸懷，不能因為被拒絕就喪失了繼續戰鬥的勇氣。那麼，面對拒絕，我們應該採取什麼方法，才能再次找到機會呢？

通常在被一次次地拒絕後，免不了會開始懷疑自己的能力，看到身邊的同事成績斐然，常覺得自己與別人的差距很大，好像永遠也比不上其他人，慢慢地，這種懷疑的心理就變成了自卑。而自卑則讓你的成績越來越差，成績越差自卑心理就會越嚴重，如此一來，惡性循環就形成了。所以，即便你學歷不高、沒有經驗、沒有人脈，但只要你有自信、有一個清晰的意識，能夠時刻意識到自信的重要性，勇於面對、敢於接受拒絕，你就能戰勝一切挫折。

## 1 從失敗中找原因

所謂「失敗是成功之母」，遭遇拒絕時，請想一想失敗的原因，是產品的原因？時間點不對？對方的心情？還是自己的問題？或者說是你自信不足，在與對方溝通時患得患失？

## 2 遭到拒絕怎麼辦？

當你在跟別人溝通時遭到了拒絕，是選擇和他據理力爭？還是退一步，順從對方的思路呢？如果你做出了讓步，他可能還會步步緊逼，那麼你又該如何步步為營呢？

- 首先你要冷靜下來，認真分析他人的想法和考量點，站在對方的角度思考問題，然後找出相應的解決辦法。
- 傾聽對方說話，如果他的情緒較為激動，你要適當安撫，讓他發泄一下心中的怒氣。
- 注意對方的言語和神態，不要偏離主題，找準時機回到溝通的正題上。
- 不要一味地配合別人而讓自己變得沒有原則，若想將雙方利益達到雙贏，就不要做出無謂的讓步。

- 就算別人是毫無道理地拒絕你，都不要直接去否定對方，與他爭吵，這樣更容易引起對方的反感。你可以試著用讚美的方式，肯定他的想法然後再就其中的某部分提出異議，這樣較容易使對方接受。

### 3 把拒絕當成理所當然的事

俗話說：「人生不如意十之八九。」遇到任何的拒絕或不順遂，你要保持良好的心態，做到寵辱不驚，不要太在乎對方用什麼方式拒絕了你，把焦點放在從失敗中吸取教訓，明白失敗的原因，向有經驗的人學習溝通的技巧和方法。只有這樣，失敗才會讓你變得越來越強大，當再也沒有人能拒絕你的時候，你就成功了。

## 面對失意，一笑置之

面對拒絕，其實就是在面對人生中的失意，面對人生中的困境與阻礙。當你一頭熱往前衝刺時，難免會遭遇一些困難，不被受歡迎，甚至是直接被拒絕在門外，這都是成功道路上必經的過程。這些困境跟不好聽的話，雖然像利刃般把你傷透，使你灰心喪志，但這就是人生的磨練；當你對於失敗都能一笑置之的時候，那你就能無所畏懼，能夠一路向前，直到跨越成功的終點線。

以心理學的角度來說，人的好惡和自我評價來自於價值選擇；當消極的情緒困擾你的時候，會改變你原來的價值觀，因此你要學會從反方向思考問題，才可以使你的心理和情緒發生良性的變化，從而得出完全相反的結論。這種運用心理調節的過程，稱之為「反向心理調節法」，使人戰勝沮喪，從不良的情緒中解脫出來。「笑談」就是一種針對失敗非常有效的心理調節法，它能有效降低失敗後帶來的失望感。很多情況下，人們的痛苦與快樂，並非由客觀環境的優劣決定的，而是因自己的心態、情緒而決定；同一件事，有人感到痛苦，有人卻感受到快樂，在失敗面前，不同的人也將有不同的結論。

所謂「笑談」，有的時候可以理解為「自我解嘲」，解嘲的物件並非他人，而是自己，甚至可以解讀為「自我安慰」。

兩名花農載著一車子的花到市集做買賣，途中不幸出了意外而翻車，有一大半的花盆都毀損了。

悲觀的花農說：「完了，壞了這麼多花盆，真倒楣！」

另一個花農卻說：「真幸運，還有這麼多花盆沒有打碎。」

後者即是運用了「反向心理調節法」，從「不幸」中挖掘出「幸運」。在煩惱、沮喪的時候，與其縮在陰暗的角落裡唉聲嘆氣，惶惶不安，不如拿起「心理調節」的武器，從反方向思考問題，使情緒由陰轉晴，擺脫煩惱。

俄國作家契訶夫（Anton Chekhov）曾寫道：「要是火柴在你口袋裡燃燒起來了，那麼你應該高興，並感謝上蒼，幸虧你的口袋不是火藥庫；要是你的手指裡扎了一根刺，那麼你應該高興，幸好這根刺不是紮在眼睛裡……依我的建議去行動吧！你的生活就會歡樂無窮。」

面對生活中的失意、不順遂，若能調整自己的心態並且一笑置之，不僅能使自己從失望感中迅速走出來，還能讓你創造逆轉勝的無限力量。拒絕本身並不可怕，可怕的是你不能坦然面對拒絕、面對困境。

##  樂觀，本身就是一種正能量

樂觀本身就是一種正能量，在任何時候，只要你保持樂觀的心態，那心中的正能量就會源源不斷地釋放出來。當生活的災難從天而降的時候，人們總會有兩種截然不同的心態：有的人會感覺到天塌下來了，什麼都完了，除了抱怨還是抱怨，似乎他的整個生活都被不幸所吞噬了；有的人則心態樂觀，他們甚至會將那些災難和不幸當作朋友，最後，他們真的在磨難中有所斬獲，贏得了人生的財富。前者是擁有消極心態的人，在不幸的遭遇前，他只會鬥氣、抱怨；後者是擁有樂觀積極心態的人，他總是將生活的不幸當朋友一樣看待。所以，當生活的不幸來臨時，樂觀積極的心態是一個人戰勝艱難困苦，走向成功的推進器。

有一名悲慘的男孩，母親在他十歲時就因病去世，而父親是一名長途汽車司機，經常不在家，根本沒辦法照顧男孩。所以自從母親去世後，小男孩就學會自己洗衣、做飯，照顧自己。但上天似乎並沒有眷顧他，在他十七歲的時候，父親在工作中因車禍喪生；男孩從此沒有親人，沒有人可以依靠。

可是，男孩人生的噩夢似乎還沒有結束，男孩走出了失去父親的悲傷，外出打工，開始獨立養活自己。不料，卻在一次事故中失去了自己的左腿，慘遭人生中最大的失敗，但他沒有抱怨，也沒有生氣，反而抱著樂觀的性格繼續生存。面對生活隨之而來的不便，他學會了使用拐杖，有時候不小心摔倒了，他也從不請求別人的幫忙。

幾年過去了，男孩將自己所有的積蓄算了算，正好可以開間養殖場。於是，他投入全部的積蓄開了一間養殖場。但老天似乎真的存心與他過不去，一場突如其來的大火，將男孩最後的希望都奪走了。

終於，男孩忍無可忍，氣憤地來到了上帝的神像前，生氣地質問上帝：「你為什麼對我這樣不公平？」聽到了男孩的責罵，沒想到上帝回話了：「哪裡不公平呢？」男孩將自己人生的不幸，一五一十地說給上帝聽，聽了男孩的遭遇後，上帝說道：「原來是這樣，你的確很悲慘，失敗太多。那你幹嘛還要活下去呢？」男孩覺得上帝在嘲笑自己，他氣得渾身顫抖：「我不會死的，我經歷了這麼多不幸，已經沒有什麼能讓我害怕，總有一天，我會憑著自己的力量，創造出屬於自己的幸福。」上帝笑了，溫和地對男孩說：「有一個人比你幸運得多，一路順風順水走到了生命的終點，可是，他最後遭遇了一次失敗，失去了所有的財富，因而絕望地選擇了自殺，但你卻堅強、樂觀地活了下來。」

人生的不幸，磨練著男孩堅強的性格；而生活的失敗鑄就著男孩積極樂觀的心態。遭遇事業的失敗後，男孩忍不住了，質問上帝為什麼對自己這樣不公平？這樣的行為，我們似乎在大多數失敗者身上都能看到，每

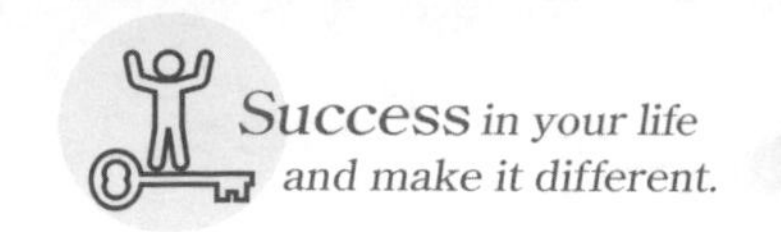


每遇到人生不如意的時候，他們總是質問：「老天，為什麼我總是這麼不幸，為什麼對我這樣不公平？」在上帝的啟發下，男孩明白了，即使自己失去了所有，他也沒有退縮，或許真的就如他自己所說的那樣，總有一天，他會憑藉著自己的力量，創造出屬於自己的幸福。

當人們總是問：怎麼樣才能為自己找到正能量呢？其實很簡單，那就是保持樂觀的心態。積極樂觀的心態，能為正能量提供源源不絕的能源，就好像是一個巨大的發電機，一旦我們出現了什麼問題，能促使我們更加勇敢地向前走。

## 1 樂觀的心態會助你走向成功

羅斯福（Roosevelt）在參選總統之前被診斷出患了「腿部麻痺症」，醫生對他說：「你可能會喪失行走的能力。」聽了醫生的宣判，羅斯福非但沒有生氣，反而樂觀地說：「我還要走路，而且我還要走進白宮。」對於一個擁有著樂觀心態的真正強者而言，人生的一點小挫折、小失敗並不算什麼，羅斯福最終走進了白宮，成為美國最偉大的總統之一。樂觀的心態，它總會讓我們在磨難中迅速成長，最終採摘成功的果實。

## 2 不再悲觀，擺脫負能量

據心理學家觀察，長時間的悲觀心態，會使一個人感到失望，喪失其心智，若是長時間生活在陰影裡，會變得鬱鬱寡歡，死氣沉沉。世界上有很多奇怪的事情，儘管小小的煩惱，一旦開了頭，就會漸漸變成比原來多更多的煩惱。而對於悲觀心態的人而言，那煩惱就好像是心中長了一顆毒瘤，為生活帶來不如意的事情，總是讓他們備受煎熬。其實，悲觀心態著實會為我們的生活帶來巨大的影響；有著悲觀心態的人，不管是工作還是生活，他們都沒辦法獲得成功，悲觀的心態會成為他們走向成功路上的絆腳石。所以，我們不要再沉浸在悲觀的心境當中，而是要勇敢地擺脫負能量。

# 6-3 空杯歸零，心態學習

「人不是生來就擁有一切，而是靠他從學習中所得到的一切來造就自己。」

——歌德 Goethe

## 向周圍所有人學習

你是保值品嗎？時代在前進，社會在發展，如果固步自封，遲早會被淘汰。做個保值品其實並不難，只要你關注市場發展的方向，關心大環境的需求，學習新的技能；那麼，你不但是一個保值品，還會是一個增值品。

年終大會上，驢又沒被評上「楷模」。牠委屈地向秘書狐狸申訴：「為什麼我最勤勞、最辛苦，卻年年評不上呢？」

狐狸笑著說：「是啊，你拉磨的本領無人能及。可是，我們已經改用機器拉磨了。」

看完上面的小故事，你是否有所感悟呢？一個人從小所受的教育，是父母送給你的原始累積，再加上學校的薰陶而成，就算二十幾歲進入社會，學習的過程也不該就此中斷。直至今日，社會變遷的速度越來越快，已到了日新月異的程度，只要稍微放慢腳步，就會被遠遠甩在後頭。任何事物都不斷地在進展，我們也不能一成不變，唯有在發展中自我完善，我們才會成長。

在發展中變化，在變化中發展，這是永恆的真理。而我們所學的知識也是一樣，今天或許很有用，但到了明天可能一點用處都沒有了，不僅沒有用，還可能阻礙我們的前進。那麼，在新鮮事物層出不窮、知識日益貶值的今天，我們該如何應對這樣的挑戰呢？俗話說：「活到老，學到老」，學習就是最好的答案，學習是終身的使命；優秀人才必備的條件之一，就是擁有不斷學習的能力。尤其大環境不停變動，現有知識很快就不足以應付明日的工作挑戰。所以，不斷重新學習絕對是必要的，我們必須緊跟時代腳步，保持永久的學習能力，持續為自己充電。

在古希臘的奧林帕斯山下住著兩個古老的部落——其中一個叫狼部落，因為他們部落裡的人像狼一樣聰明，彼此之間也像狼一樣分工明確、團結互助；另一個叫虎部落，這個部落的成員各個像老虎一樣驍勇善戰。這兩個部落都以狩獵作為生存的手段，奧林帕斯山上的生物和泉水就是他們生命的源泉。

最近，奧林帕斯山上的野獸越來越少了，兩部落的首領都察覺到生存危機。於是，狼部落的首領召集部落中的智者商量日後的糧食問題，最後表決的結論是：狼部落決定要計畫性地栽種一些可食用的植物，等到植物成熟時就作為食物來源，然後把狩獵回來的動物貯存起來備用。

虎部落的首領同樣也召集了部落中的長老前來商量如何應付獵物越來越少的難題。有人提出要遷移家園、有人提出和狼部落進行決鬥，然後劃分各自的狩獵範圍，但都被遭到否決。最後首領提出的建議得到大家一致贊成——在每個月亮最圓的夜晚增加一次狩獵，並保證不殺害獵物，把這天狩獵回來的動物圈養起來，派老弱病殘者在部落中照顧這些動物，其他人像以前一樣認真狩獵。

兩個部落採取的辦法雖然都暫時解決了問題，但日復一日，山上的野獸越來越少，面對日益嚴峻的形勢，他們仍必須找出其他辦法，否則在不久的將來，他們都要面臨餓死的命運。

正當狼部落的人為此心急如焚之際，虎部落的一隻小山羊跑到他們的部落附近，狼部落負責守衛的人沒有把那隻小山羊還給對方，而去尋找小山羊的那位老人也看到了狼部落裡的植物園。那位老人把這個消息告訴了虎部落首領，他建議等到奧林帕斯山上的植物種子成熟後，讓部落裡的婦女和小孩都去採集種子，然後等到天氣轉暖的時候開始播種。老人的建議馬上得到了首領的採納，來年春天的時候，虎部落周圍的田野裡也種滿了各式各樣的植物。

而狼部落的守衛把小山羊這件事告訴首領，狼部落也開始修建牲畜圈，第二年的春天，圈裡的山羊也生了好幾隻漂亮的小羊。從此以後，兩個部落的人再也不用為以後的食物操心，過著飽暖富足的生活。

美國頗具影響力的思想家愛默生（Emerson）說：「一位聰明的人能拜任何人為師。」每個人身上都有值得我們學習的地方，他可以是我們的主管、同事、親朋好友，甚至是競爭對手。學習是人們實現成長的主要途徑之一，而向別人請益又是強化學習的一個好方法，如果不向周圍的人學習，那我們就會像缺少某種維他命一樣缺少營養，而這樣的人往往無法成為健全的人。

在工作過程中你或許會想到向自己的主管和同事學習，但很少有人會跟競爭對手學習。其實競爭對手更應該成為你學習的對象，而且越是凌駕於你，或與你不相上下的對手，就越值得我們學習。因為你們可能有著類似的客戶群、管理方式與成長經歷，面對的問題也較為相似，彼此之間有著更多可以互相借鑒的地方。若能放下姿態和競爭對手學習，就能少走許多彎路，讓成長過程更加順利。

同樣，個人與個人之間的競爭也十分激烈，如果你很出色，那你的競爭對手必定也十分出色，且對方身上的一些長處也許正好是你所缺少的；如果你能用謙虛的姿態多向競爭對手學習，那麼你的成長道路就會更加暢行無阻；如果你現在還不夠出色，那麼你更應當向他學習，學得越多。但有的人會故意貶低自己的競爭對手，或希望自己的競爭對手不要過於強大。實際上，在商場上和對手競爭，就如同打高爾夫球一樣，和不如自己的人打球會很輕鬆，也很容易獲勝，但球技永遠不會進步，久而久之，球技只會越來越差，無法從中獲得任何成就感；所以一般打高爾夫球的人寧可少打球，也儘量不和水準差很多的人較量。

北海道盛產鰻魚，鰻魚的生命力非常脆弱，只要一離開深海區，不用半天就會全部死亡。當地一位老漁民天天出海捕撈鰻魚，但他帶回來的卻是一整箱活蹦亂跳的鰻魚，他的訣竅正是：在整箱鰻魚當中放進幾條鯰魚。鯰魚與鰻魚是眾所皆知的死對頭，當鰻魚發現敵人入侵，便立即群起圍攻，而勢單力薄的鯰魚看見成群的對手也奮力反擊，如此一來，反倒讓原本奄奄一息的鰻魚變得精力充沛。

而競爭對手扮演的正是一個激勵的角色，也許我們有時會被他們攻得一敗塗地，對其恨之入骨，巴不得將他消滅；然而在周遭所有學習的人脈資源當中，競爭對手因為與我們處遇相近，條件相似，反而是我們找尋學習素材時的首選。

動物如果沒有對手，就會變得死氣沉沉；人如果沒有對手，就會慢慢甘於平庸；群體如果沒有對手，就會漸漸喪失鬥志；企業如果沒有對手，就會開始惰於創新。所以，我們要從敵人身上學習，但除了理解敵人的重要性以外，我們還要先培養以下的心態：

### 1 欣賞你的對手

雖然知道敵人不可或缺，但如果你打從心底鄙夷與厭惡對方，這樣你仍然無法看見對手的強項，更無法學習對手的優點。揚名國際的和泰汽車集團曾因申請政府核准屢屢失敗，而讓裕隆集團捷足先登而與之立於敵對地位，事後高層決策者要求旗下員工前去購買對方最高檔的新車回來拆解分析，並加強自身產品服務，而這就是肯定對方有值得學習的優點。

## 2 在競爭中維持平常心

勝敗容易左右你我的心態，也會左右著我們的表現，所以維持平常心在競爭中就顯得格外重要。因勝而自認為不可一世、因敗而覺得自卑喪氣都是大忌，這樣你非但無法從敵人身上獲得成長，還可能喪失自己原有的優勢。

## 3 樹立「人人皆有成功的機會」這個觀念

競爭是一種「全盤戰」，試著選擇略高你一籌的對象作為敵人，與敵人平起平坐，在這個領域你贏一些，在那個領域他勝一籌；隨時保持樂觀的心態，不要害怕敵人，也無須輕忽敵人，因為「人人都有成功的機會」。成功的可能是你，也可能是他，決勝關鍵就在於誰能從對方身上攻擊最多。

學著當一個能拜任何人為師的聰明人，善用生活周遭優秀的同事、朋友、家人、上司與對手，撇開自傲與心結，你將發現從旁人身上學習到的，絕對不亞於從課程或書籍中所能獲得的。而在學習的態度上，你還必須要有下列幾點正確的觀念與態度：

- 擁有明確的目標以及強烈的動機。
- 這世界只有 2%是成功者，98%是普通人，而失敗原因通常都是因為——自負。
- 成功關鍵在自己，跟公司、產品、制度較無關。

- 列出成功後想做什麼事，並不斷問自己，為什麼一定要成功。
- 持續學習、豐富視野，試著閱讀卡內基《人類的弱點》。
- 邀約只是定時定點，1 分鐘內完成；邀約雖然有時很痛苦，但不邀約更痛苦。
- 找一個人學習，嚴師出高徒。
- 行動是成功的開始，等待是失敗的源頭。
- 小財富靠聰明才智，大財富靠擁抱時代的大趨勢；趨勢有時間性，猶豫不決可能付出很大的代價。
- 真正的信心來自無比的勇氣。
- 趨勢不需要你，但你需要趨勢；在趨勢面前，我們都是一位謙卑的小孩。
- 我們此生都要做一件連自己都尊敬自己的事業，你要看到事業的價值，才會做得久。
- 責任比享受還重要，就算你是一隻被寵愛的小鳥，也永遠不要忘記獨立飛翔的能力。
- 富不學，富不長；窮不學，窮不盡。

## 今天不學習明天就要被淘汰

法國思想之父伏爾泰（Voltaire）問：「世界上，什麼東西是最長的，又是最短的；是最快的，又是最慢的；是最易分割的，又是最廣大的；是最不受重視的，又是最值得珍惜的；沒有它，什麼事情都做不成，它使一切渺小的東西歸於消滅，而又使一切偉大的事物綿延不絕？」

智者查第格回答：「世界上最長的東西，莫過於時間，因為它無窮無盡；最短的東西，也莫過於時間，因為人們常常哀嘆某些計畫來不及完成。在忙碌的人看來，時間是最快的；在等待著的人看來，時間是最慢的。時間可以擴展到無窮大，也可以分割到無窮小。起初，可能誰都不重視；但之後，誰都表示惋惜，沒有時間，就什麼事都做不成。那些不值得後世紀念的，時間會把它沖淡；而任何偉大的事物，時間一定會讓它流芳萬代。」

時間最易流逝，也最值得我們珍惜，要懂得善用時間工作與學習，否則當時間逝去，就再也沒有重新開始的機會。現今社會為人們提供了無數學習的資源，只要你願意學習，無論經由哪種途徑，無論在何時何地，都可以實現學習的目的。你或許會說工作太忙找不出學習的時間，整日操心勞累沒有學習的精力……你可以找的藉口太多了，但沒有一個能成為你放棄學習的真正理由；如果你老是找藉口，那你就永遠無法獲得成長。

學習與否的選擇權掌握在自己手中，沒有人可以代替你、也沒有人可以強迫你學習，如果你選擇學習，那麼就要從今天開始——從現在這一秒開始，一分一毫的猶疑與偷懶都不允許。別說不知道自己該學些什麼，任何未知的領域都值得你去探勘，專業知識、公司理念、語言能力、處事方法、時事議題等等；也不要說你不知道該去哪裡學習，學習的管道不勝枚舉，網路、圖書館、培訓中心、學校、甚至就是你周圍的每個人、每件事。學習是你的權利，也是你獲得成長的重要途徑，如果你輕易放棄這個權利，那你將失去成長的機會，屆時千萬別來埋怨自己被別人比下去。

幾個學生曾向蘇格拉底請教時間的真諦。蘇格拉底把他們帶到麥田旁邊，說：「你們各順著一行麥隴，從這頭走到那頭，摘一支自己認為最大、最飽滿的麥穗。不許走回頭路，也不許作第二次選擇。」蘇格拉底吩咐完，學生們便出發了。他們沿途十分認真地挑選著，等他們到達麥田的另一端時，蘇格拉底已經站在那裡等候他們。

「你們是否都挑選到自己滿意的麥穗了？」蘇格拉底問。學生們卻都兩手空空，表情相當無奈地搖搖頭。

「老師，再讓我們選擇一次吧！」一個學生請求說：「我走進麥地時，就發現了一支很豐盈、很漂亮的麥穗，但我想找比那支更好的選擇。可我走到麥田的盡頭後，才發現第一次看見的麥穗才是最飽滿的。」其他學生也請求再選擇一次。蘇格拉底搖了搖頭：「孩子們，沒有第二次選擇，人生就是如此。」沒有第二次選擇，這就是時間的真諦。

你不能選擇重新來過，一切都必須從當下做起。這是我們唯一的選擇，沒有任何取巧的捷徑，人生如此，對於學習來說亦是如此。學習必須從今天開始，如果你今天不學習，就要冒著明天將被淘汰的風險，這就是現實不容輕忽的競爭，亦是你在公司中獲得成長的關鍵因素，也是公司在劇烈變動的環境下存在和發展的重要基礎。

抓住每個陽光燦爛的今天，不要等到明天才行動，屬於今天的學習機會只會在今天呈現，如果錯過，它永遠不會再來。當今天的太陽西落後，你不能祈求上帝再給你一個今天，等待你的只有明天，太陽會從東邊再次升起，你將永遠地失去了這個今天，一切都無法重新來過。

現在不學習，未來就等著被淘汰出局。掌握每次學習機會，不輕易放過每分每秒，也不放過每一種學習途徑，以及每個值得我們學習的人事物，久而久之你將成為最出色的人，公司也會因你卓絕的貢獻而獲得顯著的發展。

## 學習，不斷為自己充電

若想在激烈競爭的職場中勝出，你就要不斷地充電、不斷地以新的知識和技能充實自己，才能夠獲勝。

透過學習而掌握更多的知識是你我在職場中成長的主要手段，無論從事任何職業，都必須不斷學習、不斷提高自己對社會的認知能力，不斷掌握全新的資訊和全新的職業技能。

有觀點認為未來只會有兩種人：一種是忙得要死的人，另外一種是找不到工作的人。會出現這一現象的重要原因，是因為就業市場的競爭加劇了知識的折舊，美國專門的機構調查結果顯示，現在職業半衰期越來越短，所有高薪者若不學習，五年後將會變成低薪者。

「只因準備不足才導致失敗」這樣一句格言可以刻在無數失敗者的墓碑上。有些人雖然付出了心血和努力，但由於在知識和經驗上準備不足，一切努力均化為泡影，到頭來仍達不到目的，難以實現成功的夢想。

惠普公司董事長兼執行長卡莉．費奧莉納（Carly Fiorina）從秘書工作開始自己的職業生涯，她不斷提升自身的能力和價值，才得以走向成功，從男性主宰的權力世界中脫穎而出。而這其中的秘訣就是不斷地在工作中學習，她學過法律，也學過歷史和哲學，但這都不是她最終成功的必要條件。

對於非技術專業人員出身的卡莉·費奧莉納來說，在惠普這樣一家以技術創新而領先的企業，她只有透過學習才能提升自己。且不斷學習是一個領導者成功的最基本要素；學習就是在工作中不斷總結過去的經驗，適應新的環境和新的變化，體會更好的工作方法和效率。

剛開始，卡莉·費奧莉納也做過一些不起眼的工作，但她還是從自己的興趣出發，找尋最合適的職務。因為，只有工作與自己的興趣相吻合，才能完全投入在工作中學習新的知識和經驗。在惠普，不是只有部份員工會在工作中學習，惠普有著鼓勵員工學習的機制，每過一段時間，大家就會坐在一起，互相交流，瞭解同事和公司的動態，瞭解業界的新動向。這些事情看起來沒什麼，但卻是保證大家步伐緊跟時代、在工作中不斷自我更新的好辦法。

很少有人的領導能力是與生俱來的，成功的領導者也是在工作中不斷累積經驗、不斷學習而逐步成就自己。所以作為一名員工，不論是在職業生涯的哪個階段，學習的腳步都不能停歇，透過工作不斷地學習，才能提高自己的實際能力。

對於所有公司而言，員工的知識是最有價值的財富，卓越員工要時刻警醒自己：「逆水行舟，不進則退。」只有在工作中不斷讓自己得到提升，才能保證不落後於時代，始終穩操勝券，人生也是如此。

生命太短，沒有時間留給遺憾，若不是終點，請微笑一直向前；持續學習，充實你的人生。

# 6-4 付出才會傑出

「完全發揮潛能的唯一途徑，就是導入世上每一個人的才華、想法及付出。」

——馬克．祖克柏 Mark Zuckerberg

普莉希拉．陳 Priscilla Chan

## 捨得給別人甜頭

卡內基說：「捨得，既是一種做人做事的藝術，也是一種處世哲學。捨與得之間，既對立又統一，它們是相輔相成的一對。」在這個世界上，因為捨得，所以世界才能和諧統一。若把握了捨與得的技巧，我們就等於把握了人生的鑰匙和成功的機遇，這就是捨得定律，當我們捨得給他人甜頭的時候，我們也能感受到生活的甜蜜。對於交際中的一些衝突或矛盾，如果我們能敞開心扉，捨得把利益讓給他人，那麼，我們一定會贏得他人的欽佩之情，自己也會從中感受到那份甜蜜。

卡內基曾講述一位美國總統的故事：

小男孩從小生活在一個貧窮的家庭裡，為了謀求生活，他不得不上街乞討。在大街上，有一個人給小男孩 1 美元和 10 美元，要他選擇拿哪一個，小男孩不語，默默地接過 1 美元，看也不看那 10 美元。旁人都覺得小男孩心地善良，不好意思多拿人家更多的錢，後來，有人也故意拿 1 美元和 10 美元，讓小男孩選擇，但是，小男孩還是作了一樣的選擇，只拿 1 美元，不拿 10 美元。

漸漸地，這位只要 1 美元不要 10 美元的傻男孩，他的名聲傳了出去。於是，人們紛紛都來試驗，拿出 1 美元和 10 美元來讓小男孩選擇；但是，小男孩始終只拿 1 美元，不拿 10 美元。越來越多的人拿著 1 美元和 10 美元放在小男孩面前，目的只在於看看這位選擇 1 美元的傻男孩。後來，有個人連 10 次拿著 1 美元和 10 美元讓小男孩選擇，而每次小男孩都是拿 1 美元，他好奇地問小男孩：「你為什麼這 10 次都只拿我的 1 美元，而不是一次拿我的 10 美元呢？」小男孩靜默不語，不作任何回答。只要有人拿著 1 美元和 10 美元讓他選擇，他依然會毫不猶豫地選擇 1 美元。

後來，家人問小男孩：「你到底為什麼只要人家 1 美元，而不要人家 10 美元呢？」

小男孩回答：「我要是拿人家 10 美元的話，我就跟其他乞丐一樣了，這樣，就不會有其他人再拿錢給我選擇了。」

聰明的小男孩捨得暫時的甜頭，而獲得了長期源源不斷的 1 美元利益。從表面上看，大家或許會認為這名小男孩很傻，但其實這才是明智的選擇，而這名小男孩就是之後的美國總統——伍德羅・威爾遜（Woodrow Wilson）。因為他懂得捨得，所以才得以取得人生的成功。

卡內基這樣解釋「捨得」：人就是一個有趣的平衡系統，當自己的付出超過得到的回報時，內心就會取得某種心理優勢；相反地，當得到的回報超過自己付出的勞動，就會陷入某種心理劣勢，而這就是交際場上的正能量。

## 1 贈人玫瑰，手有餘香

喬治・艾略特（T. S. Eliot）說：「如果我們想要更多的玫瑰花，就必須種植更多的玫瑰樹。」生活的本質在於你如何看待它，如何對待它。聰明的人永遠不會對他人期望太多，因為他知道自己如何對別人，別人就會如何對待你，如果想與他人維持良好且長久的人際關係，就要學會捨得，敞開自己的胸懷，走進別人的內心，把甜頭給別人，我們才會獲得同等的甜蜜。

## 2 有捨才有得

對每個人來說，在這個世界上，既沒有無緣無故的獲得，也沒有無緣無故的失去。大多數人習慣以物質來換取精神上超額的快樂，這時候，看似占了很大的便宜，實際上卻在不知不覺中透支了精神的快樂。俗話說：「贈人玫瑰，手有餘香。」把甜頭給別人，自己也會感受到其中的智慧。

捨得，顧名思義就是有捨才有得，有捨有得；不捨不得；大捨大得；

小捨小得。捨得更是一種人生智慧和態度，若想要得，你就要先捨棄，這種放棄不是不思進取，是為了朝更美好的道路前進；也不是隨波逐流，而是另一種尋求人生的主動態度。

有一位旅人在沙漠迷路了，他的水已經喝光了，要是再不喝水，就意味著死亡。這時，他看見前方恰巧有一口水井，井上放著一杯裝滿水的杯子，杯子上貼著一張字條，寫著：請將杯中的水倒入井中，你將獲得更多的水。

旅人面臨著一個艱難的選擇，是倒還是不倒？遲疑了許久，他最後決定將水倒入井中，不到片刻奇蹟出現了，水不斷從井中冒出來，旅人大喜，急忙掬水來喝，心滿意足不再感到口渴後，他將水壺裝滿了水，把原先的杯子裝滿水放回原處，便離去了。

所謂「退一步，海闊天空」當你把那些應該放棄的都放棄時，你會發現自己一身輕鬆，那些放棄而感受到的快樂是無法用言語來表達的，你也會因為放棄而得到更多；有時候不去計較你所付出的多寡，回饋往往比你所想的多更多。

##  無法改變，就選擇接受

當然，人生充滿變數，有時候我們可以透過主觀能動性加以改變，有時候人力難以勝天，即使努力付出了，也還是無法改變、不可避免，而這種情況下我們就必須承認事實，保持積極樂觀的心態。

卡內基小時候跟朋友在家裡的閣樓上玩耍，他大膽地往下跳，結果左手食指上的戒指勾到一根釘子，整根手指因此被拉斷。當時，受到驚嚇的卡內基不停地尖叫，他著實被嚇壞了。事後，那根手指雖然還是沒有救回來，但他想，與其不斷為這件事心煩，還不如接受現實。所以，卡內基幾乎從不去想自己左手只有四個手指的事情；因此，他得出了這樣的結論：一個人在不得已的時候，幾乎可以接受任何已發生的事情，重新調整自己的心態，並對痛苦的記憶選擇性遺忘，而且速度驚人。

1832 年，林肯（Lincoln）因為失業，轉而選擇涉足政壇，下定決心要成為政治家，參選州議員。但他缺少有權勢的朋友和財力，因而在競選中失利，他在短短的一年裡，就遭逢人生兩次巨大的遽變，令他十分痛苦。不久之後，林肯又再次參選州議員，但這次他成功了，因此在他內心深處萌生了一線希望，認為自己的生活有了轉機，心想：「我這次或許能夠成功了。」

然而，他人生的逆境似乎永遠沒有結束的那一天。1835 年，林肯與漂亮的未婚妻訂婚，在距離結婚不到幾個月的時間，未婚妻卻不幸去世，他感到心力交瘁，患上精神衰弱症，幾個月臥床不起。直到 1838 年，林肯覺得自己狀況好些了之後，決定參選州議會議長，然而這次的競選他落選了。1843 年，林肯改參選美國國會議員，結果仍舊是失敗。但林肯始終沒有放棄，不斷鼓舞著自己，他從未對自己說：「要是失敗該怎麼辦？」他的政治生涯就這樣不斷地參選，又不斷地失敗，越挫越勇，一直到 1860 年，成功當選為美國總統。

在遭遇那麼多的挫折之後，林肯為什麼一次次堅持了下來，那是因為他每次遇到那些改變的事實，他都選擇接受最後的結果，不管是多麼糟糕的結果，他都接受了下來。因為他知道只有接受事實，才會有機會去改變一切能改變的東西。因此，就算是正能量耗盡了，我們也不要放棄，要想辦法創造新的能量；這些失敗，只是我們在前往成功的路上所付出的一部分，成功就是經由不斷的失敗和付出中所產生的結果。

若你老是以自我為中心，那麼你的世界就是狹隘的，得失心會導致你不快樂；反之，你若願意敞開心房，關心別人，懂得付出，你就會忽略得失，不再被負面情緒影響，使你充滿能量。

卡內基最欣賞的一句話是：「樂於接受不可改變的事實，是戰勝任何不幸的第一步。」在人生漫長的旅途中，肯定不會一帆風順，我們肯定會遭遇挫折或困難，所以我們要坦然接受努力去適應，這樣我們才能制止負能量的產生，從而積聚更多的正能量。

## 1 勇於接受磨難

勇於面對生活的種種磨難和悲劇，我們就能戰勝它，並走出悲傷的陰影。我們內心強大的力量，遠遠超出我們所想像，只要我們善於利用它，就能幫助我們戰勝一切憂慮和悲傷。

塔金盾先生在雙眼失明後，還樂觀地說：「視力的喪失對我影響有限，就算是我喪失所有的感覺，也還能生存在思想裡。無論我們是否知曉，其實人類只有在思想裡才能看、才能生活。」為了治好眼睛，他在一年內就接受了十二次手術，且在每次手術，他都能樂觀地說：「太好了，科學已進步到能給眼睛這麼小而複雜的器官動手術了。」

## 2 時刻保持理性，積聚正能量

卡內基曾經養過十二年的牛，還從未見過哪一頭牛因為風暴、乾旱、寒冷，或者是求偶不成而感到沮喪。對此，卡內基認為，動物們總能坦然面對自然界的惡劣環境，可能正是因為這樣，牠們才不會有精神疾病或胃潰瘍的困擾。當然，卡內基也表示，接受那些不能改變的事實，並不是提倡遇到挫折和不幸就坐以待斃，這樣只會令自己走入宿命論的誤區；在無法改變的事實面前，只要還存在一絲的機會，我們都應該保持理性，積聚正能量，全力以赴去扭轉現狀。

魅力是一個磁場，人格是一種力量；自信是成功的階梯，自律是成長的保障； 真誠是人際的橋樑，寬容是處世的境界；守信是一張名片，樂觀是一種態度；擔當是一種責任，堅韌是一種精神；付出是一種大愛，行動是一份收穫；不停的行動是一份突破。跟別人學、跟自己比，越努力，越幸運；越擔當，越成長；越感恩，越有福報。

付出是人最不可或缺的，你不能只求回報，而不想付出，也不能為了回報才去付出。我們的文明會如此發達，也是由許許多多的前人所付出才形成的；他們甘願付出時間，付出汗水，甚至奉獻生命，也正是由於捨己為人的品格，才有美好的今天，相信更有精彩的未來。

## 坦然面對人生中的得與失

人生不會總是在失去，也不會總是在得到，有得有失是必然規律，所以我們應該坦然面對工作中的得與失，不能經常因為失去而鬱鬱寡歡、因為得到而欣喜不已，這兩種心態都會導致心態浮躁，我們應該要將其摒棄。

一位老人穿著剛買的新鞋，但在搭乘火車時不慎將一隻鞋落在車廂外，周圍乘客無不為之惋惜，不料老人竟把剩下的那隻也扔了下去。面對驚訝的眾人，老人坦然一笑地說：「無論鞋多麼昂貴，剩下一隻對我來說就是沒有用處了。把它扔下去就可能讓撿到的人得到一雙新鞋，說不定他還能穿呢。」老人看似反常的舉動，卻完整體現了他的價值判斷，與其抱殘守缺，不如果斷選擇放棄。這種坦然面對失去的豁達心態，令人心生敬意，也令人深思。

一般來說，人們總是習慣於得到而害怕失去。儘管「有得必有失」的道理人人皆知，但人們依舊認為得到了就覺得可喜可賀，若失去則可惜可歎。每有所失，總要難受一陣，甚至為之痛苦不堪。

坦然面對失去，需要及時調整心態，首先要面對事實，承認失去，不能永遠糾結於已不存在的東西上。得到和失去其實是相對的，為了得到就勢必會有所失去，而失去，又可能意想不到地得到另一些。我們在安慰丟東西的人總說：「舊的不去新的不來。」事實也正是如此，與其為了失去而懊惱，不如全力爭取新的收獲。我們應該明白，有時失去並不一定是損失，要把放棄視為奉獻，或是大步躍進的前奏或序曲，這樣對你我不也

是一種得到嗎？

坦然面對失去，不是像有些人那樣自我姑息，也不是像某些人那樣「看破紅塵」碌碌無為地苟活。坦然面對失去，是胸襟更豁達一些，眼光更長遠一些，經常整頓自己，不管是實際的東西還是內心地雜亂，排除那些不必要的留念與顧盼，以便集中精力於人生的主要追求。這樣，大而言之，有益於社會；小而言之，有益於自己。

在失去面前要坦然，在得到面前也同樣需要坦然。「塞翁失馬，焉知非福」的成語故事，不曉得你知不知道呢？

在中國北邊的邊塞地方有一個善於推測吉凶禍福的人，大家都叫他塞翁，一天，塞翁的馬從馬廄裡逃跑了，越過邊境一路跑進了胡人居住的地方，街坊們知道這個消息都趕來慰問塞翁不要太難過，但他一點兒都不難過，反而笑笑地說：「我的馬雖然走失了，但說不定這是件好事呢？」

過了幾個月，這匹馬自己跑回來了，而且身邊還跟著一匹胡人的駿馬，街坊們聽說這個事情之後，又紛紛跑到塞翁家來道賀，塞翁這回反而皺起眉頭對大家語重心長地說：「白白得來這匹駿馬恐怕不是什麼好事。」

塞翁有個兒子很喜歡騎馬，有天他就騎著這匹胡人的駿馬出外遊玩，結果一不小心從馬背上摔了下來，把腿都跌斷了，大家聽聞這件意外後又趕來，慰問塞翁，勸他不要太傷心，沒想到塞翁並不怎麼太難過、傷心，反而淡淡地對大家說：「我兒子雖然摔斷了腿，但說不定是件好事呢！」

每個人都覺得莫名其妙，認為塞翁肯定是傷心過頭，所以腦袋都糊塗了。過了不久，胡人大舉入侵，所有的青年男子都被徵招去當兵，而胡人又非常的剽悍，大部分的青年都戰死沙場；塞翁的兒子因為摔斷了腿不用當兵，反而因此保全了性命，這個時候鄰居們才體悟到，當初塞翁所說的那些話裡頭所隱含的智慧。

在工作和生活中，很多人都會患得患失，本來已擁有一些自己並不需要的東西，卻又絞盡腦汁想使這些東西不減反增，為這些終日煩惱，長此下去甚至損害了身心健康。

得到的時候，渴望就不再是渴望，因而使你感到滿足，但卻失去了期盼；失去的時候，擁有就也不再是擁有，但又因為失去了所有，而感到懷念。上帝會在關了一扇門的同時又打開一扇窗，得與失本身就是無法分離的：得中有失，失中又有得。

《孔子家語》裡記載：有一天楚王出遊，遺失了他的弓，下面的人要幫他尋找，楚王說：「不必了，我掉的弓，我的臣民會撿到，反正大家都是楚國人，又何必去找呢？」孔子聽到這件事，感慨地說：「可惜楚王的心還是不夠大啊！為什麼不講人掉了弓，自然有人撿得，何必計較是不是楚國人呢？」

「人遺弓，人得之」應該是對得失最豁達的看法了。就常理而言，人們在得到一些利益的時候，大都喜不自勝，得意之情溢於言表；而在失去一些利益的時候，自然會沮喪懊惱，心中憤憤不平，失意之色流露於外。但對於那些志趣高雅的人來說，他們在生活中能「不以物喜，不以己悲」並不把個人的得失記在心上，他們面對得失心平氣和、冷靜對待。

要正確認識得失，認識到得到了也可能失去，無論你得到了什麼，都不妨時常這樣提醒自己。如此一來，你在得到的時候就會倍加珍惜，失去的時候也不至於無所適從。

人生盡在得失間，有得即有失，有失才有得。一個人為了不至於虛度光陰，使自己的生命盡可能有更高的價值，的確應該追求所得，努力用智慧和汗水創造輝煌的成就。然而，坦然面對得與失是成就一番事業、更好地實現自己人生目標的必備品質。

因此胸襟要更豁達一些，眼光要更長遠一些，在排除了不必要的留念與顧盼後，致力於自己人生的主要追求。這樣既有益於社會，也有益於自己在人生道路上的勝出；唯有懂得付出，才能獲得傑出。

# 學習領航家——新絲路視頻
# 一饗知識盛宴，偷學大師真本事

兩千年前，漢代中國到西方的交通大道——絲路，加速了東西方文化與經貿的交流；兩千年後，**新絲路視頻** 提供全球華人跨時間、跨地域的知識服務平台，讓想上進、想擴充新知的你在短短的 50 分鐘時間看到最優質、充滿知性與理性的內容（知識膠囊）。

活在資訊爆炸的 21 世紀，
你要如何分辨看到的是資訊還是垃圾謠言？
成功者又是如何在有限的時間內
從龐雜的資訊中獲取最有用的知識？

想要做個聰明的閱聽人，你必需懂得善用新媒體，不斷地學習。**新絲路視頻** 提供閱聽者一個更有效的吸收知識方式，快速習得大師的智慧精華，讓你殺時間時也可以很知性。

## 師法大師的思維，長智慧、不費力！

**新絲路視頻** 節目 1～重磅邀請台灣最有學識的出版之神——王擎天博士主講，有料會寫又能說的王博士憑著紮實學識，被朋友喻為台版「羅輯思維」，他不僅是獨具慧眼的開創者，同時也是勤學不倦，孜孜矻矻的實踐者，再忙碌，每天必定撥出時間來學習進修。在新絲路視頻中，王博士將為您深入淺出地探討古今中外歷史、社會及財經商業等議題，有別於傳統主流的思考觀點，從多種角度有系統地解讀每個議題，不只長智識，更讓你的知識升級，不再人云亦云。

每一期的**新絲路視頻 1**～王擎天主講節目於每個月的第一個星期五在 YouTube 及台灣的視頻網站、台灣各大部落格跟土豆與騰訊、網路電台、王擎天 fb、王道增智會 fb 同時同步發布。

www.silkbook.com 新・絲・路・網・路・書・店 silkbook.com

# COUPON優惠券免費大方送！

2019 The World's Eight Super Mentor

## 世界華人八大明師會台北

創業培訓高峰會　人生由此開始改變

Startup Weekend @ Taipei

就由重量級的講師，指導傳授給你創業必勝術，
為你解析創業的秘密，保證讓你獲得最終的勝利、絕對致富

**地點** 台北矽谷國際會議中心（新北市新店區北新路三段 223 號）

**時間** 2019 年 6/22、6/23，每日上午 9：00 到下午 6：00

**票價** 年度包套課程原價 49,800 元　推廣特價 19,800 元

**注意事項** 更多詳細資訊請洽（02）8245-8318或上官網新絲路網路書店 www.silkbook.com 查詢

★★憑本票券可免費入場★★

6/22 當日核心課程或
加價千元搶先取得 VIP 席位
並擁有全程入場資格

入場票券

世界華人講師聯盟　采舍國際 www.silkbook.com　新絲路網路書店 silkbook.com

---

2018 世界華人八大明師 The World's Eight Super Mentors

CP值最高的創富致富機密， Startup Weekend 會台北

世界級的講師陣容指導業務必勝術，
讓你站在巨人肩上借力致富，
保證獲得絕對的財務自由！

入場票券

定價▶ 19800元
（憑本券免費入場）

**時間** 2018年6/23，6/24每日上午9:00至下午6:00　**地點** 台北矽谷國際會議中心（新北市新店區北新路三段223號）

**票價** 單年度課程原價49800元　**推廣特價19800元**

**憑本票券可直接免費入座6/23，6/24一般席，或加價千元入座VIP席並可領取逾萬元之贈品組合袋！**

**注意事項** 更多詳細資訊請洽(02)8245-8318或上官網新絲路網路書店www.silkbook.com查詢！

世界華人講師聯盟　采舍國際 www.silkbook.com　新絲路網路書店 silkbook.com

# COUPON優惠券免費大方送！

2019 The World's Eight Super Mentor

## 世界華人八大明師會台北

創業培訓高峰會　人生由此開始改變

Startup Weekend @ Taipei

就由重量級的講師，指導傳授給你創業必勝術，
為你解析創業的秘密，保證讓你獲得最終的勝利、絕對致富

**地點** 台北矽谷國際會議中心（新北市新店區北新路三段 223 號）

**時間** 2019 年 6/22、6/23，每日上午 9：00 到下午 6：00

**票價** 年度包套課程原價 49,800 元　推廣特價 19,800 元

**注意事項** 更多詳細資訊請洽（02）8245-8318 或上官網新絲路網路書店 www.silkbook.com 查詢

★★憑本票券可免費入場★★
6/22 當日核心課程或
加價千元搶先取得 VIP 席位
並擁有全程入場資格

入場票券

---

## 2018 世界華人八大明師

The World's Eight Super Mentors

CP值最高的創富致富機密，　Startup Weekend 會台北

世界級的講師陣容指導業務必勝術，
讓你站在巨人肩上借力致富，
保證獲得絕對的財務自由！

入場票券

定價▶ 19800元
（憑本券免費入場）

**時間** 2018年6/23，6/24每日上午9:00至下午6:00　**地點** 台北矽谷國際會議中心（新北市新店區北新路三段223號）

**票價** 單年度課程原價49800元　**推廣特價**19800元

**憑本票券可直接免費入座 6/23，6/24一般席，或加價千元入座 VIP席並可領取逾萬元之贈品組合袋！**

**注意事項** 更多詳細資訊請洽(02)8245-8318或上官網新絲路網路書店www.silkbook.com查詢！

**國家圖書館出版品預行編目資料**

總裁雙子心 / 林昭仲著 著.. -- 初版. -- 新北市 : 創見文化出版, 采舍國際有限公司發行, 2017.09　面 ; 公分-- （成功良品 ; 101）
ISBN 978-986-271-780-6（平裝）

1.職場成功法　2.自我實現

494.35　　106011956

成功良品 101

# 總裁雙子心

創見文化．智慧的銳眼

本書採減碳印製流程
並使用優質中性紙
（Acid & Alkali Free）
通過綠色印刷認證，
最符環保要求。

出版者／創見文化
作者／ 林昭仲
總編輯／歐綾纖
主編／蔡靜怡
文字編輯／牛菁
美術設計／蔡瑪麗

郵撥帳號／50017206 采舍國際有限公司（郵撥購買，請另付一成郵資）
台灣出版中心／新北市中和區中山路2段366巷10號10樓
電話／（02）2248-7896　傳真／（02）2248-7758
ISBN／978-986-271-780-6
出版日期／2017年9月

全球華文市場總代理／采舍國際有限公司
地址／新北市中和區中山路2段366巷10號3樓
電話／（02）8245-8786　傳真／（02）8245-8718

全系列書系特約展示門市
新絲路網路書店
地址／新北市中和區中山路2段366巷10號10樓
電話／（02）8245-9896
網址／www.silkbook.com

本書於兩岸之行銷（營銷）活動悉由采舍國際公司圖書行銷部規畫執行。